NF文庫
ノンフィクション

戦場における成功作戦の研究

三野正洋

潮書房光人新社

まえがき

一九九五年一〇月、光人社（当時）から『日本軍の小失敗の研究』を上梓した。本書はその書名のとおり、太平洋戦争における旧日本軍の〝小さな〟失敗に限ってまとめたものである。

数え方にもよるが、国力から見て一〇倍も大きなアメリカと、これといった資源も持たない大日本帝国が互いに全力で戦ったこと自体、間違いなく〝大きな〟失敗であった。

しかしこの分かりきった大失敗とは別に、わが国の呆れるばかりの小さな失敗を集めた本は、思いもかけぬ評価をいただき、その後九回の増刷を重ねるのである。

これに力を得て、引き続いて続・日本軍、ドイツ軍、連合軍の小失敗を執筆し、このシリーズはいずれも好評で読者の大きな支持を得ている。

さらに近年に至るも、多少見方を変えた「戦場、実戦における失敗」もそれなりの数が読まれた。

つまり広義の軍事的な失敗学は、著者のライフワークになり、また一つの分野を確立したのである。

さらにこれは軍事ばかりではなく、経済の状況、社会の行方、そして我々の生き方にも少なからず影響を及ぼし、とくに大なり小なり決断を必要とする際の参考にもなるのである。

その一方で、失敗とは、より皮相的に言えば「他人の失敗、蜜の味」でもあって、強く読者の関心を集めたのであろうか。

しかし最近になって別な面を研究、探求してみたい、という思いに駆られた。

それは失敗の反対、つまり成功に関した状況、事柄である。

どこの国の軍隊も、戦争、戦闘に直面した場合、失敗と成功を経験している。

そうであれば失敗ばかりではなく、成功例も取り上げるべきではないか。

この思いが再び著者の執筆意欲を掻き立て、ほぼ一年の時を経て、本書を完成させたのであった。

ただ多くの参考書、国内、海外の資料、ＳＮＳの情報を集めたところ、成功例は失敗のそれと比べてかなり少ないことに気づいた。

この理由はどこに求めるべきなのか分からないが、ともかく戦争、紛争、戦術、はたまた軍事技術の分野においても失敗例は山ほど見つかるものの、成功という事例と評価は本当に少ない。

それがこれまで〝軍事的な成功〟を取り上げた書籍が、皆無に近い理由であろう。そうであれば研究者、著述業の著者としては、充分この世界に踏み込む価値はあるように思う。となればともかく一歩を踏み出そう。

その結果が本書である。ぜひご一読をお願いしたい。

二〇二二年九月

三野正洋

戦場における成功作戦の研究——目次

兵器篇

戦場における成功作戦の研究

戦術篇

速度を最大限に生かした戦術

——第二次大戦　フランス侵攻電撃戦

人類の歴史上最大の悲劇となった第二次世界大戦は、一九三九年九月一日、ドイツのポーランド侵攻で幕を開ける。

ポーランドは短期間で軍門に下り、幾つかの小競り合いはあったものの不思議なことにそれから約半年間にわたり、西ヨーロッパでは静かな状況が続く。

のちに歴史家たちはこの期間を、「まやかしの戦争期間、不可解な休戦の時間」と呼んでいる。

この均衡が破られたのは翌年五月で、ドイツ軍はデンマーク、ノルウェー、リトアニア、そしてフランスにその恐ろしい牙を向けた。

前三国は小さいが、フランスは国土、人口ともドイツとほぼ同じ大国である。

しかもポーランドの状況を目の当たりにしていたので、同国は迫りくる戦争に備えてそれなりに準備を整えていた。

まず海軍であるが、戦艦、巡洋艦などの戦力はドイツの海軍を大きく上回っていた。ただし独仏は陸続きであるので、あまり海軍の出番はなく全面戦争となれば陸軍、空軍が問題になる。

当時、陸軍は両国とも常備兵力約一〇〇万名、予備もほぼ同数、陸戦の中心となる戦車の数もほぼ等しく共に二五〇〇台前後となっていた。

また空軍の軍用機も戦車と同じく二五〇〇機で、ドイツ、フランスとも申し合わせたように同等の戦力であった。

前述の如く、人口が等しければ軍事費、軍事力も似たり寄ったりなのである。

しかしいったん戦争が始まると、状況は思いもよらぬ形となる。

両国の国境には、フランスが多大な努力を積み重ねて構築していた大要塞を連ねたマジノ線が存在していた。史上最強のこの防衛ラインがあることによって、同国は実質的にドイツの大規模侵攻を阻止できると考えていたが、現実は甘いものではなかった。

ドイツ軍はマジノ線を正面から突破することを考えず、その北側を迂回し、大部隊

電撃戦で砲兵代わりに多用されたユンカース Ju87 スツーカ急降下爆撃機 (RCG)

をもってフランスに押し入った。
そしてその後、それまでどこの国も用いたことのない新戦術〝ブリッツクリーク（電撃）〟を活用し、同兵力のフランス軍をわずか一ヵ月あまりで完全に撃破する。
それではこの電撃戦とはどのようなものであろうか。
。地域の占領に拘らない
。ともかく速度を重視し、前面の敵陣を突破
。深く敵国に攻め入り重要地点　例えば首都を占領する
といったものである。
もう少し具体的に述べると次のようになる。

速度がなによりも重要なので、主力となるのは戦車、装甲車などからなる機甲部隊である。同時に随伴する歩兵もかならず自動車で移動する。これは機械化と呼ばれる。破壊力はあっても、迅速に動けない砲兵には頼らず、その代わりを多数の急降下爆撃機が務める。そのため陸軍と空軍の密接な連携が必要となる。

この進撃速度を最大限に優先する電撃戦は、一九三〇年代にドイツ陸軍の若手将校によって生み出されたもので、これによって大きな兵力を持っていたフランス軍は短時間のうちに完全に圧倒されてしまう。

首都パリの近郊には五〇万名近いフランス軍が駐留していたが、突進してくるドイツの機械化部隊に翻弄され、充分な反撃も出来ないまま壊滅する有様であった。なにしろ本国ベルリンのドイツ軍参謀本部が信じないほど、機械化部隊の進撃は素早いものだった。

歩兵の装備、装甲車の性能など、それほどフランス側が劣っていたとは考えにくく、とくに戦車に関してはドイツ軍のそれを上回った性能を有する車両もあった。

しかし怒濤のごとく押し寄せるドイツ軍の圧力は、全てのフランス軍の組織立った反撃を不可能にしてしまった。

戦争勃発ひと月にしてフランス軍は総崩れになり、ついにパリは軍門に下り、その

ポーランド軍の降伏直前、市街戦におけるドイツ軍

一週間後には同国は占領下に置かれた。

総勢二〇〇万名と言われた大軍は、祖国の防衛にほとんど役に立たないままであった。さらに戦争の危機を感じて、フランスに派遣されていたイギリス陸軍三〇万名もなすすべもないまま、撤退に追い込まれる。

そして装備の大部分を残したまま、本土に逃げ帰るのであった。

このようにして、ドイツ第三帝国は、西ヨーロッパのほとんど全土を手中に収めたが、これに要したのはわずかに一〇ヵ月に過ぎなかったのである。

このように〝電撃戦〟はもっとも成功した新戦術として、歴史に残った。

現在でもあらゆるところで、「急激に物事を成し遂げる」という意味合いから〝電撃的に〟という表現が使われている。

それではこの戦術に、マイナス面はなかったのであろうか。

この対フランス戦では、予想以上の成果を収め、損害も少なかったのであるが、この場合、敵軍の兵力、戦場の距離、相手の油断といったものが、攻勢に出た側に有利に働いたという事実がある。

したがってこの戦術が成功する例も、またそうでない場合も存在する。

この両方の例についても触れておくべきだろう。

。同じような成功例

一九六七年六月、中東においてイスラエル対アラブ（エジプトなど）の第三次中東戦争が起こった。この月の五日、イ軍は航空機、戦車による機動的な攻勢を展開し、大きな勝利を手にする。まさにこれは対フランス戦におけるドイツ軍と同じ戦術で、のちに〝砂漠の電撃戦〟と呼ばれた。

戦闘はわずか六日間のうちに、アラブ側は多くの兵器と広大な領土を失い休戦を受け入れざるを得なかった。

。失敗例

フランス戦の翌年六月、ドイツ軍は大挙してソ連との国境を越え、隣りの共産主義国家の占領を狙った。このさいにも機甲部隊、機械化歩兵の大部隊が急降下爆撃機の支援を受けて、電撃戦を実施する。

最初のうち、フランスの場合と同様にこの戦術は成功するか、に見えたが、徐々にソ連軍の抵抗が強まり、ドイツ軍の攻勢は秋の訪れと共に終わりを告げざるを得なかった。明らかにブリッツクリークは失敗したのである。

この理由は、ロシアの国土面積があまりに広大であり、ドイツ側の補給が不足したこと、ソ連軍の戦力が二倍以上存在したこと、また迎撃する戦車の性能がドイツ側を大きく凌駕していたことなどが挙げられる。

結論として電撃戦という戦術の効果は大きいが、それには多くの条件が伴うということなのであろう。

史上唯一のグライダーによる集中攻撃

――第二次大戦　エバン・エマール要塞攻略

航空機のなかに滑空機／グライダーという特殊なものがある。ごく普通の飛行機に見えるが、推進機関を持っていないから自力で離陸は出来ない。

この滑空機に関しては、次の四つの種類がある。

初級機　プライマリー　人間が曳くゴム索で発進し、斜面を利用して飛行

中級機　セコンダリー　発進は強力なウインチによる

高級機　ソアラー　飛行機によって曳航され、長時間のフライトが可能

これらはもっぱらスポーツとして使われているが、もう一つは軍用グライダーである。

もはやどこの国の軍隊でも忘れられてしまった存在だが、第二次大戦ではこの特殊

DFS230 グライダー

な兵器がアメリカ、イギリス、ドイツ軍で大いに活躍した。

曳航するのはだいたい双発の輸送機で、長いロープにより一機あるいは二機を引っ張る。標準的な滑空機には操縦士一、二名と一〇人前後の兵士が乗り込み、戦場の上空まで運ばれる。

その後、ロープが切り離され、滑空機は自力で十数キロを飛行、敵の前線のすぐ後方に着陸し、兵士は戦闘に加わる。

ほとんどの場合、滑空機の機体は使い捨てで二度と飛行することはない。

ドイツ空軍は戦争の後半になると超大型のグライダーを開発し、本機は一度に八〇名の兵士を運ぶことが出来た。

しかしヘリコプターが登場すると、軍用

グライダーという兵器は完全に消滅し、いまでは世界中を見渡しても博物館に二、三機が展示されているに過ぎない。

第二次大戦の初期、ドイツ軍は五〇機を上回るDFS－230型滑空機を集中的に投入し、ベルギー軍の要塞を短時間で占領するという放胆な作戦を成功させている。一九四〇年五月一〇日、それまでの沈黙を破って、ドイツ第三帝国の軍隊は隣国のベルギー、オランダ、フランスに侵攻、ひと月でこの三ヵ国を降伏に追い込むのである。

この日、国境に位置するベルギー軍のエバン・エマール要塞とその周辺にある三つの橋に向けて、ユンカースJu－52輸送機に曳航されたDFS－230の五一機がドイツの基地を離陸する。グライダーを曳くユンカース輸送機は、現在では珍しい三つのエンジンを持った中型機で、速力こそ遅いものの、信頼性は高く、ドイツ軍ではタンテ（おばさん）と呼ばれ、五〇〇〇機近く製造されている。

一方、ドイツグライダー研究所DFSが設計、製作した中型のグライダーには、操縦士と九名の兵士が乗っていた。本機は面白いことに、離陸は車輪で、着陸はそりで行なわれる。さらに一部の機体には、接地後の減速のための逆噴射ロケットが装備されていた。

ノルマンディ上陸作戦におけるホルサ型グライダー

このグライダー部隊の目的はいうまでもなく要塞と周辺の橋の占領で、間もなくやってくる陸上部隊に道を拓くことである。エバン・エマール要塞には一五〇〇名前後のベルギー兵が配置されていて、主要な兵器は野砲であった。

上空に侵入したグライダーは、一機が対空砲火で撃墜されたものの、他は目的地に無事着陸している。兵士は、自分たちと同様な訓練を受けてきているパイロットと協力して、ベルギー軍を攻撃する。

要塞については思わぬ理由で、早々と占領という目的を果たすことができた。守備兵は屋外で反撃するのではなく、要塞の内部に立てこもったため、早々に出入り口を確保したドイツ軍に効果的な反撃が出来なかったのである。これが原因で攻撃する側は、比較的短時間で目的を達成することが出来た。

そのためこの戦いにおける死傷者はドイツ側一四〇名、ベルギー側一〇〇名と前者に多かったものの、一〇〇〇名の捕虜を得て要塞を完全に占領している。また三つの橋も大きな損害を出すことなく、ドイツ軍のものとなった。

ヨーロッパの別な大規模戦闘、ドイツ軍によるクレタ島占領、連合軍によるノルマンディ上陸作戦などでも、数十機、数百機の軍用グライダーが使用されている。アメリカ軍ではCG－4型、イギリス軍ではホルサ型などでほとんどの場合、ダグラスC－47双発輸送機によって曳航され、敵地に着陸している。この二種のグライダーはドイツの機体より多少大きい。

しかしいずれの戦場でも、グライダー部隊単独ではなく、普通の落下傘／パラシュート部隊との共同行動であった。戦史を繙いてもグライダー空挺のみが実戦に参加したのは、ベルギー要塞攻略戦だけであったようである。

なおドイツ軍がこの航空機を多用した背景には、戦前から国内のスポーツとしてグライダーが盛んで、操縦者の数が世界の他国の全員を合わせたよりも多かった事実が挙げられる。

この成功を知って、日本陸軍も試作滑空機まなづる、四式特殊輸送機ク八型を製造した。後者は戦争の後半六〇〇機造られ、一部は九七式重爆撃機改造の輸送機に曳航され、国内、台湾への輸送に使われている。

しかし欧米と異なり実戦に参加することなく、役割を終えている。

虚を突いた大迂回戦略
──第二次大戦　マジノ線突破作戦

一九一四〜一八年の第一次世界大戦において、フランスとドイツは西ヨーロッパ戦域で激しく戦い、それぞれに一〇〇万名近い大きな戦死者を出している。

パリ近郊のいわゆる西部戦線では、大掛かりな塹壕戦、砲撃が延々と続き、戦局に変化のないまま犠牲者だけが急増するという実に悲惨な状況であった。

このときの描写は、レマルクの名作『西部戦線異状なし』に詳しく紹介されている。

このような戦争が終わると、フランスは二度とこのような悲劇を繰り返さない目的から、ドイツとの国境に史上もっとも大規模な要塞ベルトの構築に取り掛かる。

これは南のバーゼルから北のベルギー国境まで長さは七二〇キロに及ぶもので、一五キロごとに強力な堡塁を持ちそれらを地下の電気鉄道が結ぶ。

マジノ線

それぞれの堡塁は三メートルという厚いコンクリートに守られ、四、五、六インチ砲、複数の機関銃が置かれる。

このような要塞ベルトを提唱したのは、フランスの陸軍大臣A・マジノで、このことからマジノ線と呼ばれることになった。

三年の設計期間を経て、一九三〇年ごろから建設が開始され、完成までに一五〇〇万トンのコンクリート、一五万トンの鉄材が使われた。完全ではなかったが一九三九年には一応完成し、最大六〇万名の兵士が防衛に当たる。

総経費は三〇〇億フランで、現在の価格に直すと三兆円程度であろうか。

それだけにマジノ線は史上最強の要塞であるとともに、ドイツからフランスを守る不落の防波堤と思われた。

このような中、ドイツではA・ヒトラー率いるナチ党が台頭し、急激に軍事力を増強し、イギリス、フランスとの間で軋轢が高まっていった。

当時、独仏の国力はほぼ均衡、軍事力に関しても、フランス海軍が特出している以外は陸軍、空軍とも大差はなかった。

そして突然、ナチス・ドイツは一九三九年九月、ポーランドに侵攻、先の大戦が終了してわずか二一年という短期間をおいて、第二次世界大戦が幕を開けるのであった。すぐさま英仏はドイツに宣戦布告を行なう。

その後、ポーランド、オランダ、ノルウェーなどに戦火が及んでも、大局的に西ヨーロッパは静かで、戦史に残るような大戦闘は行なわれず、両方の側の死傷者もそれほど多くなかった。

このような不可思議な状態は、〝まやかしの休戦期間〟と呼ばれた。

年を越して五月、それは突然に破れ、西ヨーロッパでは激烈な戦闘が開始される。一〇日、ドイツ軍がフランスへの全面侵攻を開始したのである。

このさい、まずドイツ軍のC軍集団と呼ばれる三〇万名近い軍隊が、マジノ線の中央部に接近する。しかし彼らは散発的な砲撃を行なうだけで、無理に要塞ラインを突

フランス・アルデンヌの森

破しようとはしなかった。この攻撃は完全な陽動であり、要塞にいるフランス軍を釘づけにするのが目的であった。

フランス陸軍の上層部がこれに気をとられている間、まったく思いもかけぬ形でドイツ軍A軍集団がフランス領内に雪崩れ込んだ。

三個装甲師団を中心として四〇万名が、マジノ線を大きく迂回して侵攻してきたのである。

この大部隊は、フランスの北西部、及びベルギーの南東部に広がる広大なアルデンヌ森林地帯を通過していた。つまりマジノ線が途切れるいちばん北の端を通ったことになる。

フランス軍は早くから万一戦争が勃発し

た場合、この可能性を無視していたわけではない。

一応地形の調査を終え、ドイツ軍、とくにその戦車が森林と沼地からなるアルデンヌを突破することはないと判断していた。

確かに面積一万平方キロの森は、大部隊の通過に適していない。

それでもドイツ軍は工兵部隊を大量に投入し、森林に道を切り拓き戦車の通行も可能にしたのである。

マジノ線を大きく迂回し、北からフランスに侵攻したA軍集団は、そのまま南に向きを変え、首都パリに向けて突進する。

思いもかけない方向から攻撃を受けたフランス軍は、兵員数から言えばドイツ軍と変わらないものの一挙に崩壊する。フランスを助けるために派遣されていたイギリス軍も、これにつられて後退するばかりであった。

迂回攻撃は、実施したドイツ軍さえ予想しなかったほどの成功を収め、わずか一週間でフランスを巡る戦争は決着する。

その後各地で残存フランス軍の抵抗は続くが、それもひと月後には終わり、パリはドイツ軍の手に落ちるのであった。なかでもマジノ線に籠っていた部隊は、ドイツ軍が背後に回り込み、また自身で移動もままならず、何もできずに終わってしまった。

前述の如く、フランスとドイツはほぼ同じ兵力であったのに、なんとも惨めな結果となった。

これはやはり、真正面から要塞群を突破するという犠牲の多い戦術ではなく、敵の思わぬ方向から迅速に侵攻、その後背後を突くという、戦略を立案したドイツ軍の若手将校たちの有能さがもたらしたものと言い得る。

一方、フランス軍は、長年にわたり国力を投じた要塞線に頼るという旧態依然の枠にとらわれすぎていたのであった。

それだけではなく、このマジノ線の要塞群建設自体、フランス軍の戦力を大きく削いでいたということも出来よう。

まず最盛期には国家予算の一〇パーセント近く、軍事費二五パーセントがこれに振り向けられ、軍事の他の部分がおろそかにされたことである。

とくに空軍力に関しては技術的に立ち遅れ、ドイツに大きく水を空けられてしまっていた。

要塞を巡る防衛戦闘ばかりに関心が集まり、野戦、機動戦の訓練がおろそかにされていたこと。このためドイツ軍の機動戦術に圧倒され、陸軍においては短期間のうちに敗北したこと。国民の大部分がその存在に頼りきり、戦争勃発の可能性が高まっても、そのための準備を怠っていたこと。

これらの事実が重なり、フランス軍は一〇〇万名を超す巨大戦力を持ちながら、わずかひと月で同兵力の敵軍に降伏するという屈辱を味わうのであった。

マジノ線を巡る課題を学ぶと、それは中国における万里の長城が頭に浮かぶ。紀元前二〇〇年ごろから近年まで永きにわたって建設され、長さ七〇〇〇キロにおよぶ史上最大、最長の防衛ラインである。

しかしこれもまた北方の匈奴（モンゴル中心の遊牧民）の侵入を防ぐことは出来なかったのであった。

万里の長城、マジノ線ともに、現在では広く雄大な歴史の遺産として残され、世界中から観光客を集めているのであった。

戦艦時代の終焉
――第二次大戦　マレー沖海戦

二〇世紀前半、海上戦力の中心は排水量数万トン、一〇インチを超える大口径の主砲数門を装備している戦艦であった。この艦種はまさに海の王者であり、この保有数がそのまま海軍の強さに比例していた。

なかでも一九〇四年からの日露戦争、その一〇年後に勃発した第一次世界大戦ではこの事実が実証され、戦艦主力論は広く世界の海を席巻する。

この戦いの結果は誰の目にも圧倒的で、全く反論の余地はなかった。

このような状況に疑問符が付けられたのは一九三〇年代からであった。航空機、特に爆撃機が登場し、大きな爆弾を搭載できるようになると、すこしずつ論調が変わってくる。

航空機は戦艦を撃沈できるかどうか、ということが先進国の海軍では議論され始めた。しかしながらそれは圧倒的に戦艦有利という判断であった。

アメリカ陸軍航空隊のB・ミッチェルは、近代的な航空機の前に戦艦は無力で、両者が対決した場合、後者はとうてい生き残ることが不可能であると力説したが、それは戦艦支持派の人々から嘲笑をもって迎えられたのである。

大雑把にいえば、各国の海軍の首脳は相変わらず、戦艦という大海獣こそ無敵であると信じ込んでいた。航空機の発達が著しかったアメリカ海軍でさえ、これが原因でミッチェルは閑職に追いやられる有様であった。

ともかく戦艦と航空機が正面切って戦う機会がこれまで全くなかったから、どちらの説が正しいのか、判断のしようがなかった。

一九三九年の九月に第二次世界大戦が始まっても、戦艦対航空機の正面切った戦闘は勃発せず、このため先の議論は棚上げになっていた。

それから二年後、事態は一変、長く続いていた両者の主張は文句なしの結論に至る。

完全装備の最新の戦艦が白昼数隻の護衛艦とともに自由に航行できる広い海面で航空機のみの攻撃によって短時間のうちに撃沈されたのである。

太平洋戦争が幕を上げてから三日後の一九四一年一二月一〇日、マレー半島の沖合をイギリス海軍の二隻の戦艦が、四隻の駆逐艦に守られながら航行していた。この地に接近中の日本の艦隊、および上陸部隊を乗せた輸送船団の迎撃のためであった一隻は就役して三年、最新鋭の排水量三万五〇〇〇トンの戦艦プリンス・オブ・ウエールズ、もう一隻は少々古いが、二万八〇〇〇トンの巡洋戦艦レパルスである。もはや死語に近いが、巡洋戦艦という艦種は装甲こそ薄いものの、そのかわり高速の戦艦を意味する。

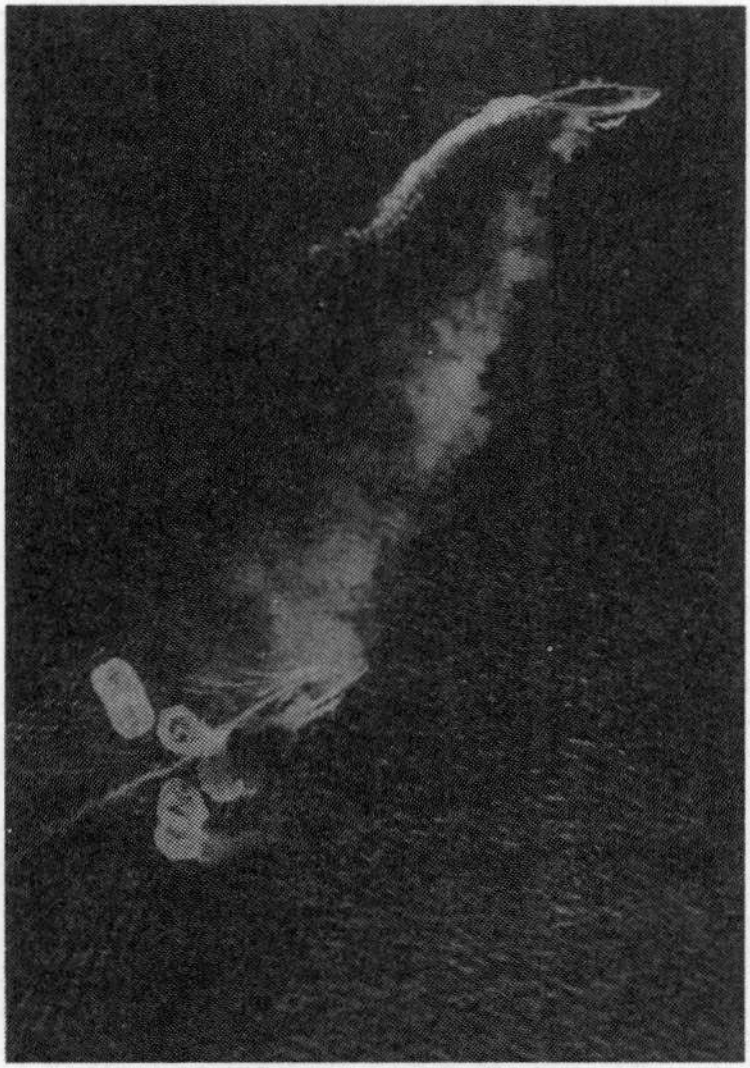
マレー沖海戦におけるレパルス(上)とプリンス・オブ・ウェールズ

さてこの六隻の強力なイギリス艦隊を日本海軍の偵察機、潜水艦が発見し、双発の攻撃機部隊へ攻撃が命じられる。

三菱製九六式陸上攻撃機
九六陸攻　五九機
同　一式陸上攻撃機
一式陸攻　二六機

が二五〇キロ、六〇キロ爆弾と航空魚雷を搭載し出撃した。

ここにそれまで十数年にわたって主要海軍国の士官、用兵者、技術者が議論した戦艦対航空機の戦いが幕を開けたのである。

イギリス側に護衛の戦闘機は存在せず、海上の王者と海鷲の決戦の時が訪れた。

英艦隊の対空砲は戦艦、巡洋戦艦を合わせると一〇〇～一三〇ミリ高射砲三六門、四〇ミリ機関砲三二門というかなり強力な陣容であった。

さらに前述のごとく自由に走行可能な広い海面が戦場である。

しかしいったん戦いが始まると、結果は呆気なかった。二時間足らずの海軍機の爆弾、魚雷による強襲の結果、二隻は美しい南の海にその巨体を消し去ったのである。

プリンス・オブ・ウェールズは爆弾二発、魚雷六本、レパルスは爆弾一発、魚雷五本の命中に耐えられなかった。それでも二隻の乗員二四〇〇名のうち六五パーセントが救助されている。

護衛に当たっていた駆逐艦四隻に大きな損傷はなかった。助かった乗員数が多かったのはすぐ近くにいたこの駆逐艦によるところが大きい。

他方、攻撃した日本海軍の陸攻隊は、撃墜されたもの三機、戦死者二七名にすぎなかった。これ以外に二機が不時着大破、さらに十数機が被弾損傷しているがいずれも

シンガポール入港時のプリンス・オブ・ウェールズ

修理可能となっている。

　このマレー沖海空戦の結末を見れば、戦艦対航空機の対決の勝者は言うまでもなく、著しい発展を遂げている後者であることに疑いの余地はない。

　さらに対空火器の能力は明らかに不足であった。攻撃側の陸上攻撃機は双発でその翼面積は七五平方メートルとかなり大きい。当時におけるアメリカの単発攻撃機、例えばTBDデバステーターのそれは四〇平方メートルであるので、この事実が判ろう。

　それでも二隻の戦艦が多数の火器を駆使しても、対空防御はまったく不足なのである。

　この状況は、戦争後半になっても顕著で戦艦を含む水上艦艇が、いかに対空砲を増強したところで、圧倒的な数で来襲する航空機を撃退することは不可能だった。

一九四四、四五年の戦いではプリンス・オブ・ウェールズよりはるかに強力な戦艦である武蔵、大和が航空攻撃のみで撃沈されているのである。やはり〝不沈艦〟などという軍艦は造艦技術者の夢でしかなかった。

それにしても日本海軍の航空機が、それまで無敵とされてきた戦艦を撃沈したこの海空戦の意味するところはすこぶる大きい。

軍事技術としても当然であるが、永いこと多くの分野で白人よりかなり下に見られてきた有色人種が、持てる技術を存分に使ってその最新の兵器を打ち破ったのである。

もちろんこの項で人種論を弄ぶ気分ではないが、やはりこの戦いが一つの歴史的エポックメイキングな出来事であることに違いないのであった。

日本陸軍唯一？の見事な勝利

——第二次大戦　シンガポール要塞攻略

一九〇四～五年の日露戦争において、大きな犠牲を払いながらも、将兵の勇戦敢闘によってなんとか勝利を確定した日本陸軍。その後、ロシア革命後のシベリア出兵などもあるが、昭和一二（一九三七）年の日中戦争の勃発まで、大きな戦闘を経験することはなかった。

しかもこのさいの中国本土における国民政府軍、八路軍（共産党軍）との戦いでも、大軍が正面からぶつかり合うような戦闘はなく、もっぱら規模の大小はあってもゲリラとの撃滅戦であった。

また太平洋戦争に至っても海軍とは異なり、地理的な問題もあり数十万の兵力が激突することはなかった。最大の戦闘も、沖縄の島嶼の攻防戦である。

したがって戦略、戦術的な見事な勝利を見出すことは不可能である。

加えて日本陸軍には特筆すべき兵器、技術的に評価すべき兵器は存在したのであろうか。

日本海軍の場合には、世界最大の大和級戦艦、戦争の前半に大いに活躍した零式艦上戦闘機、長射程を誇る水上艦艇用魚雷などがあったが、一方の陸軍では全くと言って良いほど見当たらない。

火砲、装甲車両、航空機を調べても、それらのすべてが欧米列強と比べて、それほど優れていたとは言い難いのである。

兵士の資質、下級指揮官の判断などは大いに評価すべきであるが、戦術、兵器とも極めて平凡のひと言であった。このような状況から正直なところ、日本陸軍の成功事例はなんとも見つからない。

しかし唯一の見事な戦術的勝利が、ここで紹介するマレー半島の先端に位置するシンガポール要塞の占領である。

インドを植民地とした大英帝国は、より東にその触手を伸ばし、一九世紀の中頃にはマレー半島の先端に位置するシンガポールを手中に収める。

この地はシンガポール島という大きな島で、その南の端には一〇分の一の大きさの

ジョホール水道。この場所から侵攻している

セントサ島がある。シンガポール本島は市街地、商業地で、軍事的な拠点はセントサ島であった。英軍はここに東洋一とも呼ばれた大要塞を建設する。

全体が膨大なコンクリート製で、多くの地下室を細い通路が結んでいる。とくに防御力は強大で、戦艦の主砲と同威力の一五インチ砲五門を主力に、八インチ、六インチ砲などあわせて六〇門が置かれていた。

さらに配備された兵員数は実に八万五〇〇〇名に及び、富津、対馬、函館などに日本軍が建設した要塞よりもはるかに大きな規模であった。

イギリス本国の首脳陣も、このシンガポール要塞には大いに期待し、大英帝国のアジア支配の要と考えていた。

このような状況の下、この大要塞の防衛にはさらにもう一つ、防衛力の強化が行なわれていた。それはイギリス海軍の新鋭戦艦プリンス・オブ・ウェールズ、並びに高速巡洋戦艦レパルスの派遣である。

この二隻は日本海軍への押さえとして、太平洋戦争の勃発直前にシンガポール軍港に到着していた。

これだけの防備体制が完了しており、イギリスのアジア支配は揺るぎ無きものと考えられていたのである。そして一九四一年一二月の開戦を迎える。

ただしその後の日本軍の進捗の具合は、イギリスの予測を大きく上回るものであった。

開戦から二日後、日本海軍の陸上攻撃機は三波に分かれて、マレー半島沖合を航行中のプリンス・オブ・ウェールズとレパルスを発見、雷撃と爆撃を巧妙に使い分け、痛打を浴びせる。そしてわずか三機の損害を被ったのみで、二隻を葬り去ったのであった。

史上初めての、航空攻撃による戦艦撃沈で、まさに歴史的出来事と言える。

これによりシンガポールのイギリス軍は、要塞維持のための強力な後ろ盾を失うことになった。見方によれば、この瞬間に大要塞の運命は決まったとも考えられる。

以後ひと月の間に、日本陸軍はマレー半島の大部分を席巻し、ついに全力を投入して早くから検討されていた要塞の占領に取り掛かる。

二月八日、この地に集結したのは近衛、第五、第一八師団で、兵員数は三万六〇〇〇名であった。また要塞攻略が目的であるので、砲兵戦力はこれまでの日本軍としては異例なほど大幅に増強されていた。

一方、イギリス軍の兵力は前述のとおり八万五〇〇〇名で、内訳はイギリス兵、インド兵、オーストラリア兵の混成であった。

このような戦いでは、「昔から攻守三倍の法則」という戦訓が伝えられている。

つまり堅固な陣地を攻略するために、攻める側は守る側の三倍の兵力が必要、ということである。しかし実際には日本軍の兵力は相手の四〇パーセントにすぎない。

それでも結果的に、一週間で敵軍を降伏に追い込み、シンガポール要塞の完全占領に成功する。

この戦いの戦死者は一八〇〇名、負傷者は三四〇〇名と決して小さな数ではないが、それでも攻撃発動前の予測の一〇パーセントに過ぎなかった。

他方、防衛側は死傷者五〇〇〇名、残りの八万名は捕虜となった。

それにしてもどのような理由で、日本軍の作戦は見事な成功を収めたのか。

まさに信じられないほどの成果であり、太平洋戦争中に陸軍が記録した唯一の完全勝利ということができよう。

実際、この結果は日本陸軍の首脳が信じ難いほどだったのである。

それでは早速この理由を探ってみよう。

成功の最大の理由は、攻撃を開始する際の戦術にあった。

日本軍はマレー半島の北側（陸側）から接近したのである。シンガポール要塞の防御態勢としては、南側、つまり海側を重要な正面と考えられていた。したがって先の大口径重砲の砲門は、すべて海に向けられており、陸地からの敵軍を砲撃することが出来なかった。

一方、日本軍は、猛烈な事前砲撃の後に陸側から幅二キロのジョホール水道（船舶が航行するための狭い水路）を渡河し、一挙に要塞内に雪崩れ込んだ。

この敵軍が予想していなかった陸側からの上陸こそ、攻撃成功への第一歩であったのである。守る側から言えば、この報を受けた時点で攻防戦の敗北を意識したかもしれない。

。強力な砲兵部隊の集結と猛砲撃

この時の準備砲撃は、日本陸軍としては間違いなく最大規模で、一時間に一〇〇〇

もっとも強力といわれていた８インチ砲台

発を超えている。合わせて五〇門の重砲が絶え間なく砲弾を敵陣へ送り込み、しかも先の理由から反撃は少なかったのである。攻撃開始に当たって時間的な余裕もあり、一門あたり数百発の砲弾が用意されたと言われている。

。イギリス側へ増援部隊なし

マレー半島を敵軍に押さえられ、しかも戦艦二隻を撃沈され、したがってシンガポールに対するイギリス側の増援、救援部隊の派遣は誰の目にも絶望的であった。このことが守備兵たちの戦意を大幅に削いでしまった。

本来、要塞に立てこもる理由は、敵を引きつけ、損害を強要するとともに、味方の到着を待って反撃に転ずるということである。しかしこれが不可能となれば。戦闘意欲は当然持ち得なかった。

さてシンガポール要塞の攻防戦は二月八日に始まり、一五日には終了した。前述の通り死傷者も予想外に少なく、八万名を超える戦闘員が立てこもる要塞としてはあまりにあっけない結末であった。それにしても敵軍の思惑を退け、迅速に目的を達成した日本陸軍の手腕は高く評価されるべきである。

残念ながら他の戦いの概略を見ても、同陸軍にはこれ以外に見るべき成功の事例はないと言えよう。なお占領から終戦まで約三年と半年、シンガポールはいろいろな問題を抱えながらも、引き続いて日本の手中にあった。

また戦争が終わって八〇年近い年月が経っても、興味深いことにこの要塞は当時そのままの姿を残している。観光施設としてコンクリートで固められた地下室、弾薬庫、そして海を睨む八インチ沿岸砲などを誰でも見学可能なのである。経済都市として高層ビルが立ち並ぶシンガポール市街から、そう遠くない場所に、このような大規模な戦跡が存在し、それは大日本帝国陸軍の数少ない完全勝利の記録でもあるのであった。

着想、実践の見事な成功

——第二次大戦　ドーリトル隊の東京空襲

真珠湾、フィリピンと太平洋戦争勃発から数ヵ月、アメリカは敗退を続けていた。戦艦部隊の大部分、またアジアにおける陸軍の多くを失い、軍部はもちろん、国民の間に喪失感が広がったのである。

このような状況の中で一人の軍人が立ち上がった。陸軍のドーリトル中佐で、彼はそれ以前からかなり破天荒というべき男であった。

現役の軍人でありながら、当時アメリカで人気を博していた飛行機のスピードレースに熱中し、何度か出場しトロフィーを獲得している。

日本の軍人ではとうてい許可されないところではあるが、アメリカ軍では大目に見られていたのであろう。

ともかく普通には考えられない陸軍軍人だが、開戦から二ヵ月彼は勝ち誇っている大日本帝国に一矢を報いるべき、放胆な作戦を立案する。

それは艦載機とは桁違いに航続力の大きな陸軍の爆撃機を、海軍の航空母艦から発進させ、敵国の心臓部である東京を襲うというアイディアであった。

最初のうち、陸軍、海軍の首脳陣もとうてい不可能と判断していたが、ドーリトルの固い決意に動かされ、最終的に大統領はこれを認可し、それまでどこの国の軍隊も試みたことのない大作戦を実行に移す。

空母から飛び立つのは、信頼性の高い双発の中型爆撃機ノースアメリカンB－25ミッチェルで、これが一六機準備された。空母の飛行甲板の面積から、これが収納できる最大数であった。当時最大の艦載機はダグラスTBDデバステーターで全幅一五・三メートル、重量四・六トン、これに対してB－25は同二〇・六メートル、一五トンであるから、空母の乗組員はさぞ扱いに苦労したはずである。

しかし航続距離は前者一一五〇キロ、後者は二二〇〇キロで、艦上機ではこの任務は全く達成不可能なのである。

同機のパイロットとクルーから優秀な人材が集められ、陸上の滑走路を使って、空母からの発艦を想定した短距離離陸の訓練が連日にわたり続く。

ドーリトル中佐

そして一九四二（昭和一七）年四月のはじめ、一六機が空母ホーネットに搭載され、アメリカ本土を離れる。もともと着艦は不可能なので、この作業は大型クレーンで行なわれた。

この機動部隊には、ほかに空母エンタープライズ、重巡洋艦二隻などが護衛として随伴し日本本土に向かった。

海に出た時点でようやく作戦の目的である東京奇襲がパイロット、クルー、そして艦隊の乗組員に伝えられた。計画では五〇〇キロまで本土に接近した海域からミッチェルを発進させることになっていたが、ここで問題が発生した。

日本側は、八〇〇キロの位置に中型の漁船からなる警戒線を展開していたのである。

当然、アメリカ艦隊を発見したこれらの船から、日本に向けて至急電が放たれた。

これを知ったドーリトルは、直ちにミッチェル一六機に発進を命じ、東京奇襲作戦が開始された。

当日の海況は大荒れで発艦が危ぶまれたが、すべてが無事に離艦し、燃料の関係から編隊を組むことはせず個別に目的地を目指した。

東京だけではなく横浜、横須賀、神戸などに少数機が到達し、爆撃を行なった。ただしこれによる被害はそれほど大きくなかったが、それでも民間人に九〇人近い犠牲者が出ている。

それにしても日本側にとっては思いもかけぬ攻撃で、受けた衝撃はとてつもないものであったことに疑いの余地はない。しかも慌てて迎撃した陸海軍の戦闘機、高射砲なども後手に回り、撃墜したアメリカ機は皆無であった。

もちろんドーリトル隊を送り出した後のアメリカ艦隊は、すぐに反転していたので追撃もままならない有様である。

このように一六機の爆撃機による日本本土空襲は、完全に成功であった。

これらの爆撃機は空母に戻ることなく、日本本土を横断し、一路中国大陸の日本軍占領地帯の外まで飛行を続け不時着した。これによりすべてが全損となったが、太平

ドーリトル隊に襲撃された横須賀海軍基地

洋の戦局に与えた影響は極めて大きく、アメリカ国民はこの作戦の成功に熱狂、士気は大いに高まったのである。

それにしても、この東京奇襲は永久に戦史に残る画期的なものであった。
・敵国の首都を直接叩く
・これまでどこの国の海軍も経験したことのない、陸軍の双発爆撃機を空母から発進させる
・初めから空母への帰還を考慮せず、片道攻撃を行なう
・陸軍と海軍の全面的な協力
などどの部分をとってもあまりに大胆、しかし綿密に立案された作戦で、それを予定どおりに成功させている。

仲が良いとは言えず、また双方の連絡も

なかった日本の陸海軍では、全く思いつくこともなかった。さらにいわゆる優等生的な軍人が多かったから、〝放胆〟とは無縁であったと言うべきであろう。

なお爆撃機の乗員の損失は、戦死、行方不明二、捕虜八名であった。

この作戦がいかに高くアメリカで評価されているか、を示すエピソードが残されている。

作戦終了の五〇年を記念して、飛行可能なB-25爆撃機三機を、なんと現役の原子力航空母艦に載せ、実際に発艦させるという壮大なイベントが実施されている。これこそドーリトル隊の功績の何よりの証拠なのであった。

イギリス海軍の執念

――第二次大戦　ドイツ戦艦ビスマルク追撃戦

北大西洋の荒波をついて二隻の大型軍艦が疾走している。まず排水量四万八〇〇〇トン、一五インチ砲八門装備の新鋭戦艦ビスマルク、続いて一万四〇〇〇トン、八インチ砲八門の重巡洋艦プリンツ・オイゲンである。いずれもドイツ海軍が誇る最強の艦艇である。とくに前者は、日本海軍の大和級、アメリカ海軍のアイオワ級が竣工するまで、間違いなく世界最強の戦艦と言えた。

一九四一年五月下旬、二隻は通商破壊、つまりイギリス本土への海外からの物資輸送を阻止すべく、ドイツ本土を出港していた。

これを迎撃するためイギリス海軍は、歴戦の巡洋戦艦フッド（三万八〇〇〇トン、一六インチ砲八門）と竣工したばかりの新型戦艦プリンス・オブ・ウェールズ（三万四〇〇〇トン、一四インチ砲一〇門）、巡洋艦、駆逐艦十数隻を出動させる。英独ともにこの海域におけるエース級の戦艦の激突であった。

二四日、四隻の大海獣は互いに敵艦を視認し、砲撃戦が開始される。当日の海況は時化模様であったが、視界は良好で二五キロ程度であった。

海上には凄まじい砲声が轟き、大きな水柱が立ち上る。

交戦から三〇分と経たないうちに、ドイツ戦艦はイギリス艦隊に痛打を与える。一七キロの蒼空を飛翔したビスマルクの一五インチ砲弾が、フッドの中央部を直撃したのである。

この命中弾は、装甲を突き破り、弾薬庫を誘爆させた。これによる巡洋戦艦の被害は苛烈であった。

三〇ノット（約五〇キロ／時）の全速力で走行中の全長二七〇メートルの巨艦が、真っ二つに折れ、数分のうちに沈没した。

ドイツ海軍の見事な砲撃技術と、恐ろしいまでの砲弾の威力である。

フッドには一四〇〇名を超える乗組員がいたが、のちに救助されたのはわずか三名にすぎなかった。この巡戦は新しくはなかったが、女王のお召艦を務めたこともあり、広く国民に愛されていた。

戦艦ビスマルク

さらにイギリス側の損害はそれだけでは済まなかった。戦艦プリンス・オブ・ウェールズも艦橋付近に三発の命中弾を受け中破、多数の死傷者を出し退却を余儀なくされた。

もう少しビスマルクの戦闘意欲が高ければ、この戦艦さえ撃沈される可能性があったのである。まさにドイツ海軍の大海獣恐るべし！

イギリス側の巡洋艦、駆逐艦は、攻撃力に大差があるため、この戦闘には直接参加することはなかった。

しかしプリンス・オブ・ウェールズもただ打たれているばかりではなく、ビスマルクに一四インチ砲弾を三発、命中させている。ただ大きな損害を与えることが出来ず、ドイツ戦艦はタンクから燃料漏れをおこしただけで、戦闘力は衰えることはなかった。この後理由ははっきりしないが、重巡プリンツ・オイゲンは、ビスマルクから分離し本国へ戻っている。

W・チャーチル首相、海軍省、そしてイギリス国民はこの大海戦の結果に関し、少なからぬ衝撃を受けた。二対一の戦いでありながら、結果はなんとも惨めなものであった。

しかしここから真の海洋国家たるイギリスの強さが発揮される。

チャーチルは海軍省に、「あらゆる手段、不可能と思われる手段を使ってもビスマルクを撃沈せよ」と命令したのであった。

これを受けた海軍は、集められる全戦力を集中させてドイツの大戦艦の追跡を開始するのであった。

ともかく大西洋で作戦中のすべての艦艇ということから、航空母艦アークロイアルほか一隻、戦艦ロドニーなど三隻、巡洋艦四隻、駆逐艦五隻が当該海域に向かう。

さらにアフリカ大陸の沖合にいた、旧式戦艦二隻を中心とする艦隊にも合流を命じた。これらは急行したとしても戦場まで一〇日はかかると思われるのだが、それが分かっていながらイギリス側は命令している。

重巡洋艦プリンツ・オイゲン

いかに精強なドイツ戦艦といえども、これだけの大兵力に太刀打ちすることは不可能である。

こうなるとビスマルクは速力をあげて、本国への帰投を試みる。

しかしこのあとのイギリス海軍の追撃ぶりは見事であった。

まず航空母艦から発進したソードフィッシュ機が、数本の魚雷を命中させた。

これにより舵に損傷を受け、ビスマルクは行動不能に陥った。

この攻撃機は複葉の低速機で、太平洋の海戦では使い物にならない性能であるが、ドイツ側に航空機の無いことから見事な活躍を見せる。巨艦が動けなくなると、次は駆逐艦群が接近し、魚雷を射ち込む。

さらに巡洋艦からの砲撃で、レーダーなどが破壊される。それでもビスマルクは最後の力を振り絞り、反撃した。数隻の巡洋艦、駆逐艦が損害を受けたが、いずれも重大なものではなかった。

止めは戦艦の役目であった。ロドニーの一六インチ砲弾を次々と命中させ、満身創痍となったドイツ戦艦はついに巨体を波間に沈めたのであった。

二二〇〇名の乗組員のうち、英艦に救助されたのは一〇〇名強であった。

それにしてもイギリス海軍のこのさいの集中力、敵艦撃沈への執念は他国の海軍をはるかに上回るもので、これがフッド喪失後、わずか三日後、復仇を果たしたのである。同国国民の海軍への信頼は、いやがうえにも高まったという他はない。何にも増してなりふり構わず全力集中。これこそ目的達成、成功の秘訣なのであろう。

北太平洋の奇跡
——第二次大戦　キスカ島撤退作戦

太平洋戦争勃発の半年後、日本の陸海軍は北太平洋の二つの島、アッツ、キスカを占領する。

これらの小島はアリューシャン列島に属するが、アメリカ領（当時ではアラスカ準州）であった。

しかし極北の島嶼とあって住民はおらず、気象観測施設のみが存在する。

また季節によってはアザラシなどの海獣の毛皮をとるために、少数の人々が半年程度居住するまさに辺境の地と言える。

なにしろ冬季の気温は零下二〇度を下回り、島の周辺の海域は荒れに荒れる。

また年間を通して濃霧が地域全体を覆い、これに激しい吹雪が加わる。

日本軍はアッツ、キスカをとくに必要としてはいなかった。それでも前者に二四〇〇名。後者に五八〇〇名からなる陸軍部隊を送り込んだのは、同じ時期に実施される南太平洋のミッドウェー島攻略作戦のための陽動（大きな作戦の意図を隠すため、別な方面で行なわれる軍事行動）であった。

つまり日本軍の大規模攻撃が、アリューシャンに対して行なわれるように見せかけるのが目的である。

二つの島の占領は、アメリカ軍が存在しないので何の問題もなく済んでいる。

そして翌年の春になると、五ヵ月にわたるガダルカナルの大戦闘に勝利したアメリカ軍は両島の奪回を図るが、これは戦争が始まって以来、初めて敵軍に占領された領土ということから当然であった。

一九四三年三月から、アッツ、キスカに対する爆撃と艦砲射撃が行なわれ、どちらの側にも上陸が近いと思われた。

これに対する日本海軍は完全に戦力が不足しており、数隻の潜水艦を配備したほかに有効な反撃手段がなかった。

こうなると残された道は、両島からの撤退、撤収しか考えられない。

しかしそれが実現しないうちに、五月一二日、重巡洋艦などの支援を受けた一万一

キスカ島

〇〇〇名からなるアメリカ軍がアッツ島に上陸を敢行する。

日本軍は必死の反撃を試みるが、兵力の差は五倍近く、また本土からの増援も不可能だったので二九日に全滅する。捕虜はわずかに数十名であった。

日本国内の新聞には、はじめて〝玉砕〟(忠義を重んじて、潔く戦死すること)という文字が載ることになる。

二週間あまりの戦闘の末、アメリカ軍も戦死六一〇名、負傷者一二〇〇名を記録しているが、それでも計画どおりアッツの奪還は終わりを告げた。

このような状況の下、間もなく次の戦いが、キスカ島で行なわれることは両軍とも容易に想像できた。

日本軍の兵力がアッツの二・五倍であったので、アメリカ側はより多くの戦力を用意した。

まず事前の爆撃には二〇〇機以上の攻撃機、爆撃機、艦砲射撃には旧式ながら二隻の戦艦、二隻の巡洋艦を含む一四隻を投入する。

上陸を担当する陸軍の兵員は三、四万名、つまり日本軍の六倍で作戦実施は八月一五日とされていた。

詳細は不明なものの、日本軍も侵攻してくるアメリカ軍の概要は把握していたが、前述のごとく半年前のガダルカナル戦により多くの艦艇を失っていた日本海軍としては正面切っての反撃など夢でしかなかった。

このためキスカから五〇〇〇名を超える陸軍部隊を撤収する計画が立案された。

しかし同時にこの実現には、幾多の困難があることも明らかであった。

アメリカ軍に探知される可能性、極北の天候の問題に加えて、日本の陸海軍は四ヵ月前のガダルカナルの例を除くと、歴史上島嶼からの大掛かりな撤退、撤収作戦を一度たりとも経験したことがなかったことなどである。

またこの時代の陸軍首脳は、よく言えば高い抗戦意欲を持つものの、悪く言えば頑迷で撤収、あるいは救出などもってのほかという軍人も多かった。軍人たるもの、どのような最悪の条件でも死ぬまで戦うべきと主張する。

それでも陸軍の樋口季一郎中将と海軍の木村昌福少将は、キスカの状況を熟慮し、すべての兵員の同島からの救出を決めたのであった。

輸送に当たるのは軽巡洋艦阿武隈、木曽、駆逐艦は朝雲、夕雲など六隻であるが、戦艦まで揃えたアメリカ艦隊と比較するとまさに弱体と言えた。

実施はケ号作戦と名称も決まり、七月下旬から開始されるが、やはり苦難の連続であった。濃霧、荒天、アメリカ艦隊の動向などから、艦隊が島に接近しても行き着けず、根拠地である千島の幌延に戻らざるを得ない。

上層部からは督促、あるいは非難がたびたび寄せられ、とくに木村に対して圧力が大きかった。ただ彼としては、作戦成功の可能性はわずか一度のみ、それも最良の判断と望外の幸運が必須であった。

そして七月二九日、いっときの濃霧の隙間をついて、八隻からなる日本艦隊はキスカに到達する。島に残されていた大型発動機艇六隻を活用、ちょうど一時間で五〇〇〇名の陸軍の兵士を乗船させた。

このさい日本陸軍として、それまではとうてい考えられなかった命令が下された。

これにより将兵各自が自分の命より重要と教育されていた歩兵銃を、海中に投棄した

キスカ島に上陸する米軍

のである。いうまでもなく乗船にかかる時間を、すこしでも短縮することが目的であった。

全員を収容すると八隻は全速力でキスカを離れ、二日後には幌筵に到着する。

日本の陸海軍が協力して、五〇〇〇名の兵士を救出したケ号作戦は見事な成功を見たのであった。

のちにアメリカ海軍の報告書には、「大戦中に日本軍が行なった最後の人道的な作戦は完全に成功した」と書かれている。

これにはそれなりの理由があった。

アメリカ軍は予定にしたがって二週間後の八月一五日、計画どおり三万名からなる大部隊を戦艦などの支援砲撃ののち同島に上陸させた。

このとき日本軍が撤退した事実には、全く気が付かないままであった。あいにくその直後に霧が立ち込めたこともあって、アメリカ軍は大混乱に陥る。島内のあちこちで同士討ちが行なわれ、これに艦砲射撃の誤射が輪をかけた。翌日になり、ようやく日本軍が撤収していたことがわかったが、同士討ちによる人的な損害は驚くほど大きかった。

実に一一三名が戦死、負傷者は一三五名にのぼっている。

このような状況もあって、日本軍の見事な作戦遂行を高く、評価したのであろう。日本側の成功の理由は、陸海軍の協力、天候の見極め、周到な準備、上層部の圧力に屈せず、最適タイミングの把握などであろう。

もちろん大きな幸運に恵まれたことも確かであるが、やはりそれを最大限活用したのは間違いなく樋口、木村の功績なのであった。

特異な戦術の唯一の成功例
――第二次大戦　効果的なスキップボミング

古来、戦争、紛争、戦闘では新しい幾多の戦術が試みられ、ある時には成功し、またある時には失敗している。

ここで紹介するのは、現代戦において唯一見事な成功を収めながら、そのあとはなぜか忘れられ、再度使われることもなく、いまでは誰も思い出すことがないある戦術に関し述べておきたい。

子供が水面に向かって平行に石を投げると、それは水面でスキップしながら、しばらくの間、一直線に飛んでいく。

この現象を用いた爆撃の技術を〝スキップボミング〟という。ごく普通の爆弾に遅延信管を取り付け、水面すれすれ（一〇〇メートル前後）で投下する。

その時の最適な飛行速度は四〇〇キロ、落下した爆弾はそのまま五〇〇メートルほど進み目標の艦船の舷側に命中、爆発する。

爆撃の精度は、航空からの水平爆撃、急降下爆撃と比べてかなり高く、また飛行士の訓練も比較的容易である。

これに注目したのは一九四〇年代のイタリア、アメリカの軍事技術者で、細々ながらその後も研究が続けられた。

そして一九四三年三月、それは実戦で使われ、衝撃的な戦果を記録する。

当時、太平洋戦域においてアメリカ軍の反攻が本格化し、ニューギニアを巡る激戦が展開されていた。

日本陸軍はこの地に強力な兵力を輸送しようと、大基地ラバウルから輸送船団を送ろうと試みる。そして約六〇〇〇名の兵士を乗せた八隻の輸送船を、同じく八隻の駆逐艦の護衛のもとに出港させた。

またアメリカ、オーストラリア軍攻撃機の来襲が予想され、延べ一〇〇機近い陸軍、海軍の戦闘機の上空掩護も行なう。

まさに当時の日本陸海軍としては、最良の体制であったと言い得る。

船団がニューギニアとニューブリテン島に挟まれたビスマルク海にさしかかった時、

一〇〇機を超えるアメリカ陸軍、オーストラリア海軍機の攻撃が開始された。まずB－17大型爆撃機が高空から水平爆撃を実施したが、これは日本側の護衛戦闘機を船団から引き離す任務も兼ね備えていた。

当然在空した陸軍の一式戦闘機隼、海軍の零戦がこれを追尾し、船団から離れるすきを突いてB－25ミッチェル双発爆撃機、A－20ハボック攻撃機、ボーファイター戦闘爆撃機が低空から侵入し、一六隻の艦船に対して、スキップ爆撃を行なう。

この新しい戦術に対し、日本側は思いもしなかったこともあり、その効果は壊滅的であった。実に八隻の輸送船のすべてが沈没、四隻の駆逐艦もその後を追うことになり、戦死者は数千名に上った。

あわててエスコートに戻ってきた護衛戦闘機も、撃墜できたのはわずかに二機のみ、ほかにB－17の一機が失われたが、アメリカ、オーストラリア軍の飛行士の戦死者は十数名にすぎなかった。

この理由は、

初めて実戦で使われたスキップボミングが高い命中率を示したこと

日本軍の戦闘機隊が、このような船団護衛という任務に全く慣れていなかったこと

輸送船、駆逐艦の対空火器の能力が貧弱であったこと

ダグラス A-20G ハボック

などが挙げられる。

精鋭を誇るはずの陸軍部隊の増援は、なんとも悲惨な結果となり、必然的にニューギニアにおける日本軍の勝利は幻と消えたのである。

たしかにスキップの爆弾命中率は水平爆撃などに比べて各段に高く、また急降下爆撃さえ凌ぐ。また攻撃側の飛行士たちの訓練もそれほど困難とは言えず。航空機による艦船攻撃には最良の方法であったのかもしれない。

のちにビスマルク海空戦と呼ばれることになる戦闘で、この戦術の効果は如実に示されたのであった。

しかしながらどのような理由か不明なのだが、このスキップ戦術はこの戦い以後、全く使われなくなった。さらにアメリカ海軍航空がこの攻撃方法を知っていたかさえも分からないままなのである。ビスマルクの場合、攻撃はもっぱらアメリカ陸軍機によって行なわれ、艦船攻撃に戦果を挙げた。

日本陸軍機では思いもつかないほど、効果的であったが……。

ところがこの戦術に強い興味を持ったのもまた陸軍であった。スキップこそ艦船攻撃に最良の方法である、と感じとり、早速研究と訓練が始まる。

九九式双発軽爆撃機を装備する飛行第三戦隊が、スキップ攻撃専門部隊として育成された。そして一九四四年一〇月下旬、フィリピンに来襲したアメリカの艦隊と輸送船団に向け、戦闘機に護られた二二機の双発爆撃機が出撃した。

本来なら大きな戦果が期待できる日本版スキップ攻撃部隊であるが、結果は悲惨というしかない。まず護衛の戦闘機隊との合流に失敗、その直後アメリカ側の迎撃を受けて敵艦隊に接近する前に全機が撃墜されてしまった。

したがって戦果は皆無、搭乗員は全員戦死。この時期、日本軍は完全に勝利から見放されてしまっていた。

このような状況があり世界の戦史上から大規模なスキップボミングは消えてしまい、その後どの戦場でも実施されたという記録は見当たらない。またその間もなく対艦ミサイルが登場し、ますますこの戦術は過去のものになったのである。

現代戦に使われた戦術のひとつが、ただ一回使われただけで消えていった稀有の例

九九式双軽爆撃機

なのであった。

そして大戦が終わると、それを待っていたかのようにどこの国の航空部隊も、スキップボミングを忘れ去ってしまう。

まだ対艦ミサイルの開発が始まったばかりで、その実用化には時間がかかるという状況であったにもかかわらず……。

しかしそのような中で唯一日本の航空自衛隊のみが、この航空攻撃戦術の研究を続ける。

先に述べたビスマルク海の悲劇が、まだ鮮明に残っていたのであろうか。

昭和三〇年代、アメリカから供与されたノースアメリカンF－86セイバー戦闘機に二五〇キロ爆弾二発を搭載し、スキップの訓練を繰り返し実施している。

航空史を調べてみると、ジェット機を駆使したこの戦術は、他国では全く行なわれなかったと思われる。

しかし一〇年ほど行なわれた訓練も、対艦ミサイルの開発の目途が立った段階で次第に消えてしまった。

もはや現代ではスキップボミングという言葉さえ、歴史の中に埋没してしまっているのであった。

固定防御が勝利に繋がる

——第二次大戦　クルスクの大激突

史上もっとも規模が大きく、また激烈な野戦はどの戦闘だったのか。

これは疑問の余地なく、一九四三年の初夏、ロシアの大地で勃発したクルスクの攻防戦である。

ともかく周辺を含めれば、ドイツ八〇万名、ソ連一一〇万名の将兵が参加し、ひと月半にわたり死闘を繰り広げた。

この結果、両軍合わせると五〇万名をはるかに上回る死傷者を出している。

またこの戦いにおいて兵力、戦力的には大きく敵軍を上回っていたソ連側が、その事実を知りながら固定防御という戦術を採用、それにより勝利を収めている。

ここでは機動的防御と反対の側にある固定防御に注目し、成功の要因を探ってみる。

この時期、東部戦線では南北に二五〇〇キロに及ぶという長大な距離で、ドイツ軍とソ連軍の対峙が続いていた。

しかしその中央付近でソ連軍が攻勢に出て、幅四〇キロ、長さ五〇キロのふくらみ／突出部が生じていた。逆にみるとこの戦域ではドイツ側が押されているわけである。

そこでドイツ首脳は、このふくらみを南北から攻撃し、失地を回復すると共にその中のソ連軍を壊滅させようとする大作戦を立案する。

これはティタダレ（城、要塞、砦の意）と名付けられ、最大規模の攻勢となる。この頃ドイツ軍には強大な新鋭戦車ティーゲル（虎）、パンター（豹）、エレファント（象）が揃いつつあり、性能的にはソ連軍のT－34戦車を圧倒する。

これらに既存のⅢ号、Ⅳ号戦車を合わせると総数は三〇〇〇台に及ぶ。

さらに二一〇〇機の地上攻撃機、一万門の火砲が配備された。

他方ソ連軍は、ドイツの大攻撃をあらかじめ察知し、戦車五〇〇〇台、軍用機二八〇〇機、火砲二万五〇〇〇門を揃え、迎撃の用意を怠らなかった。

このような状況のもと、ソ連赤軍の上層部は決断を迫られた。

戦力の優位を利用して積極的に攻勢に出るか、あるいは地の利を活かして防衛に徹するか、ということである。

独ソ戦におけるT-34

そして最終的に後者が決定されるが、理由としては、

・防御、それも縦深陣地に籠り、自軍の損害を少なくして敵に打撃を与える

・個々の戦車の性能を考慮し、正面からの対決を避ける

といったことなどであった。

そして七月五日未明、両軍の激しい砲撃戦で史上最大の野外戦闘が幕を開けるが、これはひと月半にわたって続く。

まず三時間続いた事前砲撃のあと、最新鋭のV号戦車パンターの集団を先頭にした戦車の楔《くさび》が、ソ連軍の陣地に向けて動き出す。

そのあとにはⅢ号、Ⅳ号、そして歩兵が続く。

これに対してソ連軍は頭脳的な待ち伏せ戦術を採用していた。多数のT－34戦車をあらかじめ掘り起こしていた塹壕に入れ、砲塔だけを地上に出すというものである。

この部分は車体よりも数段装甲が強化されているので、被弾してもかなりの戦車が生き残れることになる。

パンター、ティーゲル、エレファントとは正面切って太刀打ちできないソ連戦車も、これによりかなり有効な反撃が可能となった。

また地面すれすれの高さから、迫りくるドイツの重戦車の腹部を狙って砲撃する。

この埋設戦車を駆使する戦術は、機動性を犠牲にする代償として、防御戦闘のさい充分有利となる。

このため日本陸軍においてもサイパン、硫黄島、沖縄などでも広く使われている。つまり鋼鉄のトーチカなのであった。

それでもドイツ軍は、損害を覚悟でふくらみの南と北から強引に攻撃を繰り返した。もしこの両方の側が手を結ぶことが出来れば、ソ連軍は包囲され、大損害を出すこと必定である。

このためソ連軍は、防衛線を少なくとも七段にわたり構築して抵抗する。戦車の楔がいくつかのラインを突破しても、さらにその先には埋設戦車、対戦車砲、歩兵の対

ドイツ軍のティーゲル戦車を阻止するIℓ-2 攻撃機 (RCG)

戦車班が待ち構えているのである。

戦闘が開始されて二週間あまり、両軍の損害は甚大なものになりつつあった。

しかしどうしてもドイツ軍は、最終的にソ連軍の防衛線を完全に突き破ることは出来ず、停滞せざるを得なかったのである。

ソ連の固定防御戦術は、ドイツ軍戦車隊の突進を阻止することに成功した。

クルスクの戦場は、炎上する戦車、撃墜された戦闘機、爆撃機で埋め尽くされ、爆発音が絶えることなく聞こえていた。

結局、ふくらみは消滅することなく、残されるとともに、まもなくソ連軍の猛烈な反撃が開始されるのであった。

ソ連軍の戦史には「クルスクはドイツ戦車の墓場と化した」と誇らしげに記録され

ている。もしこの戦いが、防衛戦ではなく、ドイツ軍が得意とする機動力を駆使するものであったなら、勝敗の行方はたぶん変わっていたかもしれない。もともとソ連軍は、攻勢よりも防御戦闘に強みを発揮する形の軍隊である。

それを知っていたからこそ、赤軍首脳はこのような戦術を採用したのであった。

目に見えない形の戦力向上
——一六ミリ映画フィルムと外輪船空母

一、多用された一六ミリ映画撮影機

大戦中のアメリカ海軍の航空母艦について学ぶとき、もっとも興味を引かれるのは戦闘機、攻撃機、爆撃機などの艦載機の着艦シーンである。これは一六ミリ映画フィルムで、実に鮮明に記録されている。

このような言い方をすると、他人の失敗を怖いもの見たさで見ることに少々後ろめたさも感じるのだが……。

空母への着艦の失敗フィルムは、まさに迫力満点なのである。着艦フックが制止ワイヤーを捉えられず甲板から落下する戦闘機、あるいは艦橋に激突する攻撃機など、見ている者が固唾を呑む場面の連続である。

さらに着艦に成功したものの、一瞬にして火炎に包まれる航空機、またそのパイロットを救出すべく努力する消防士など、迫力満点！

現在、これらはSNSで誰でも見ることが出来、このようなシーンばかり集めた媒体さえ発売されている。

一方、日本海軍の空母から零戦などの艦載機が離艦する場面については、数こそ多くないものの容易に見ることが可能である。ところが赤城、加賀、翔鶴、瑞鶴といった空母への着艦シーン、なかでも事故の場面などこれまで一度も見た覚えがない。

幼少のころから軍事という分野に興味を持ち、手当たり次第に資料を集めている著者にもその経験は皆無なのである。

日米海軍に関し、この違いはどこから来るのであろうか。

いろいろ調べてみると、アメリカ海軍が空母の操縦士の教育に、大きな努力を払っていた事実が浮上する。日米に限らず、イギリス海軍も多数の航空母艦を運用していたので、この種の事故は頻発したはずである。

なにしろ大波に翻弄される長さ一五〇メートル、幅二五メートルといった狭い飛行甲板に、時速一〇〇キロ以上の速度で接地し、三〇メートル前後の距離で停止しなくてはならないのであるから。

あるベテランパイロットは、このときの操作を「コントロールされた墜落である」と表現しているが、これは決して間違いではない。

しかも戦時にあっては、航空機が損傷している場合も少なくないのである。着艦時の緊張はまさに極限に近く、これがまた事故に繋がるのであろう。

もうひとつこれに関するエピソードを掲げておく。

一九四四年の春、日本海軍の空母部隊が、近づきつつある航空戦に備えて、南海の海域で発着訓練を繰り返していた。

このとき日本本土から送られてくる若い操縦士の訓練が全く不足で、実際に空母を使った訓練が開始されると事故が続出した。

ある部隊の指揮官は、その頻度があまりに多く、これでは操縦士、艦載機ともアメリカ軍と交戦する以前に戦力を消耗してしまうと嘆いている。

しかし日本海軍は事故を減らすとともに、空母パイロットの技量の向上にどのような努力を払っていたのだろうか。

著者が知り得る限り、飛行甲板の中央に白線を描くことくらいしか思い当たらない。

ここで前述のごとくアメリカ側について、一六ミリ映画撮影機が登場する。

一九三九年ごろからアメリカ海軍は、大量のボレックスH16カメラを購入し、空母への着艦の様子を撮影するのである。このカメラは最大一一分の撮影が可能であった。これをフライトデッキに二台用意し、すべての着艦を記録する。現像されたフィルムによって、パイロットは自分、あるいは仲間の着艦のすべてを自身の目で見ることが出来る。

これならば良い着艦、悪い着艦がすぐにわかり、これが技術の向上と事故の回避に直結した。このムービーカメラの採用により、着艦時の安全性は大いに高まったのであった。

我々が現在見ることのできるスリル満点のシーンは、このとき撮影された失敗例からとられている。

このような対策は言うまでもなく、パイロットと艦載機の安全に繋がり、それはまた確実に戦力の維持となって現われたのである。

二、ミシガン湖の外輪船空母の活躍

一九二〇~三〇年代にかけて、アメリカの五大湖のひとつであるミシガン湖には大型の外輪型遊覧船が運航していた。船体の両側に大きな水車を取り付け、この回転により推進する。古くは明治維新のさい登場した咸臨丸などもこの型式である。

外輪船空母ウォルバリン

戦争の勃発の可能性が高まり、また航空母艦の有用性が認められると、アメリカ海軍はウォルベリン、セイブルという二隻の外輪船を購入し、空母に大改造する。

上部構造物を取り外し、平らな飛行甲板を取り付ける。もちろん対空砲などは装備されないから甲板の寸法はかなり広く、セイブルの場合には長さ一八〇メートル、幅二六メートルであった。ただ外輪船であるから、速度は一八ノット程度となっている。

そしてこの二隻は、他のどの国も保有することがなかった外輪推進システム訓練空母となったのである。

内陸のミシガン湖であるから、敵の攻撃を受ける可能性は皆無で、ただただ湖の上を走り、海軍機を発着艦させる。

艦内／船内には格納庫、エレベータもなく、たんに浮かび、走る飛行甲板であった。

一九四二年の八月から運用が開始される二隻は、終戦までの三年間、休むことなく空母パイロットの訓練に使用された。

海軍機は周辺の基地からウォルバリン、セイブルに接近、着艦、離艦を繰り返した。

驚くのは三年間に着艦、そして離艦した回数で、なんと一二万回。これは特に調査したわけではないが、日本海軍のすべての発着回数と同程度だと思われる。またここから巣立っていった操縦士は一万八〇〇〇名に上った。

ともかく全く実戦に参加するわけではなく、一年中走り回ってパイロットを鍛えるのであった。まさにこの時代、二隻への発着の経験のない海軍のパイロットなどいない、とまで言われたのである。

ある本によると、第二次大戦中にもっとも活躍したアメリカ海軍の軍艦（正式には民間船であるが）はウォルバリン、セイブルとなっている。

これはだいぶ大げさではあるが、なんといっても一二万回という数字を見るとあながち否定もできない。

この訓練空母も前述の一六ミリ撮影機と同様に、数字には表われない形で戦力の増強に大いに寄与したのであった。

それにしても日本海軍は、という話はこのさい言わずにおこう。訓練専用空母など、全く頭に思い浮かばなかったはずなのだから。

またこれに関しては非常に貴重な記録も残されている。それは空母の発着艦のさいの事故率である。

二隻における艦載機の全損事故は、三年間の一二万回中一二〇件であった。ちょうど〇・一パーセントとなる。つまりこのように条件の良い場合でも、致命的な大事故が一〇〇〇回に一回の割合で発生している。

このように考えると、日本海軍ではその数倍起こっていたと考えても不思議ではない。

ともかくこの分野におけるアメリカ海軍の安全対策は、大きな成功を収めたのであった。

砂漠のネズミの活躍
——湾岸戦争　イギリス軍の精強特殊部隊

第二次大戦から現代まで、イギリス軍は他国の軍隊ではあまり思いつくことのない部隊を編成し、それなりの戦果を挙げている。

これは現代ではＳＡＳと呼ばれており、空軍特殊部隊と訳されることが多い。

しかし空軍とは関係なく、陸軍、一部は海兵隊の兵士からなっている。

一九四一年一一月、Ｄ・スターリング少佐は、北アフリカの戦場において敵軍の戦線の背後に侵入し、攻撃、すぐに撤退するという小部隊を組織する。

平均的には重武装ながら小型の四輪駆動車二台、中型トラック一台からなり、一つのチームの兵員数は六〜一〇名に過ぎない。

襲撃用車両はアメリカ製のジープとフォード、ダッジ、シボレーのトラックである。

沙漠戦で装備を満載している

懸架装置を大幅に強化し、機関銃三丁、大量の燃料、キャンプ用品などを搭載する。いったん出撃すると、途中の行程での補給は困難なため、写真のごとく、信じられないような大量の物資を積んでいる。

この部隊の兵士は、危険が大きいこともあって全員が志願制であり、特殊な訓練を積んでいる。このため志願する者の二割しか採用されない。

広大な砂の海である北アフリカのサハラ砂漠を、この小規模な部隊は暗闇に隠れてドイツ軍の基地、あるいは飛行場に接近し、機関銃、爆薬を用いて襲撃する。

そして戦力は弱体であるから明るくならないうちに撤退、昼間はカムフラージュされたテントで敵の目から逃れ、休息というパターンである。

このような小さな規模の戦力による攻撃の戦果は限られている。ドイツ側から見ると損害について、最初のうちは蚊に刺された程度であったが、それでも時が経つにつれしだいに深刻なものとなる。

少なくとも最終的にはネズミにかじられたと表現され、無視できなくなっていった。この表現に喜んだイギリス軍の軍人たちは、自分たちを〝デザートラッツ（砂漠のネズミ）〟と呼び始める。

現在でも、このような組織は存在し、そこには必ず可愛らしいマスコットのネズミの人形が置かれているのであった。

正式な呼称はLRDG超距離砂漠挺身隊であるが、これはあまりに長いのでほとんど使われていない。

大戦中のラッツの戦果としては、攻撃目標一七〇ヵ所、破壊したドイツの軍用機三〇〇機と伝えられている。

またこの砂漠のネズミについては、冒険好きのイギリス人にとって絶好の興味の対象であって、たびたび映画、小説、ゲームあるいは連続テレビドラマも作られている。

その一方で、狭いヨーロッパの戦場では、この種の部隊はあまり活躍の場がなく、

現代のSASが使用しているランドローバー

登場することはなかった。

ＳＡＳの砂漠のネズミが再び脚光を浴びるのが、一九九一年の湾岸戦争である。

ここでは少なくとも一〇を超えるチームが、イラクの砂漠に派遣され、大いに活躍する。

彼らの任務は、多国籍軍ならびにイスラエルに向けて発射される地対地スカッドミサイルを発見し、破壊することであった。

砂漠のあちこちに偽装されて置かれているミサイルを、航空機から発見することはかなり困難であった。

このためＳＡＳが投入されたのだが、サハラ砂漠の場合とは多少異なっている。

原則としてイギリス製の四輪駆動車ランドローバー／ディスカバリーの軍用型二台

からなり、兵員はそれぞれ二名で計四名。車両は代わったが装備は大戦中と同様である。

ランドローバーは我が国でも良く見かけるが、軍用型にはどのような改造がなされているのか、気になるところではある

車両と兵員の数を減らしたのは、戦場の奥深くまで中型ヘリコプターで投入、回収が可能なことが理由であろう。湾岸戦争で一部のチームは、なんとイラク軍の後方七〇〇キロ付近で行動したと言われている。

このチームはデザートラッツではなく、スカッドバスターズと呼ばれた。

また本隊であるSASの詳しい編成、彼らが挙げた戦果などに関しては、このような破壊作戦だけではなく、人質の救出、敵の拠点への襲撃、重要人物の誘拐といった任務もあるため、秘密の部分も多い。

全体を構成するのはわずかに五個中隊とその支援部隊、訓練施設にすぎないが、最高指揮官はなんと少将なのである。普通の軍隊であれば、中佐であろう。この事実を見てもSASが特殊な部隊であることがわかる。

それにしてもデザートラッツなど、イギリス軍の特有な編成と行動で、同じ戦場で戦ったドイツ軍、イタリア軍ではこの種の部隊は存在しない。

この理由はどこに求めるべきであろうか。考えてみれば、

・イギリス人が持つ冒険心とそれを具体化することを許した軍の上層部

・前線における行動の自由を完全に認める軍隊

にあるように思える。この点ドイツ軍はもちろん日本の旧陸軍でもとうてい無理で、実質的な編成など思いもよらなかったに違いない。

なお湾岸戦争では、アメリカ軍もハマー軽軍用車二台からなるドラッグバスターを編成している。ただこの活動も秘密が多く、どれほどの数が投入されたのか、実質的な効果は挙がったのかはっきりしない。また運用にはヘリコプターではなく特殊なC－130輸送機が使われたと思われる。

航続距離の問題を解決
——長距離侵攻を可能にした空中給油

一九二〇年代の終わりから、航空技術の発展が著しかったアメリカで、飛行中の航空機から別な航空機への燃料補給という発想が生まれた。

最初はカーチスJN－4複座複葉機を用いて、前方上空を飛ぶ機体から長いホースを繰り出し、後方機の後部座席の乗員がそれを受け取り、給油を行なうという方式であった。

これは一応成功し、航空機の滞空時間の延長、あるいは無着陸で長距離を飛行可能といった利点が確認された。

その中にはこの方式を利用して三三時間という連続飛行、三〇〇〇キロの長距離フライトなどが実施されたが、その後理由は不明なままこの研究は立ち消えとなる。

一九三九～四五年の第二次世界大戦、一九五〇～五二年の朝鮮動乱では、激しい航空戦が続いたが、実戦、あるいは後方で空中給油が使われたという記録はない。

しかし一九六〇年代の終わりから、アメリカを中心にこの分野の研究が頻繁に行なわれ、さらに激化するベトナム戦争がこの技術を後押しする。

この結果、アメリカ、イギリス、旧ソ連で、次のような空中給油AAR（AIR TO AIR REFUELING）方式が生まれた

A：フライングブーム方式

大型の給油機から後方に小さな翼のついた棒を繰り出し、受給側の航空機に燃料を送る。利点としては専門の給油機には大量の燃料が搭載されているから、複数の航空機に給油が可能。ただし一度に給油できるのは一機のみ。

B：ドローグ方式

給油側の機体から、先端に傘状の受け口のついた柔軟なホースを伸ばし、それに受け側のプローブを差し込んで給油を受ける。この方式だと同時に二、三機に燃料を送ることが出来る。そのため効率的にはもっとも優れている。

C：ループ・ド・ホース方式

主翼の先端からホースを繰り出し、受給側は主翼のプローブで受け取る。そのため

ホースは長く、空中で弧を描く。この点からループという言葉が使われている。ソ連／ロシアが主として採用したが、ホースが空気流の影響を受けやすく、この理由から次第に消えつつある。

全体的に言えることは、AARは侵攻側の航空戦力に関して、必要な技術であり、局地紛争を戦う空軍にはあまり要求されることはない。

したがって滞空時間の延伸よりも、ともかく長距離侵攻を可能とすることが重要なのである。

このように空中給油がどうしても必須であった三つの例を掲げておく。

一…一九八二年のフォークランド／マルビナス紛争

イギリスとアルゼンチンが、南極に近いフォークランド／マルビナス諸島の領有を争った紛争である。イギリス側は六〇〇〇キロも離れたアセンション島からデルタ翼の大型四発爆撃機ハンドレページ・バルカンを送り込む。しかし往復に少なくとも一万二〇〇〇キロという超長距離の爆撃行となり、途中に中継点が存在しないため、複数の空中給油が必要となる。バルカンの航続距離は爆撃の場合、二三〇〇キロ程度であるため、一回の爆撃行に実に七回のAARが行なわれた。給油機は大型爆撃機を改造したハンドレページ・ビクターである。

アルゼンチン軍を爆撃したイギリス空軍のバルカン(RCG)

またバルカンの爆撃は七度にわたって実施されたが、そのうちの三回は種々の理由により失敗であった。

また成功した場合でも戦果は少なく、イギリスのある新聞はAARには莫大な労力と費用が掛かり、ほとんど意味のない行動であったとしている。

しかし空中給油の能力がなければ、この作戦は最初から成立しないのであるから、それなりの威圧効果は大きかった。

二：一九八六年のアメリカ軍によるリビア攻撃

この年、アメリカに対する多くのテロ攻撃の背後に中東のリビアが存在するとして、アメリカ空軍は駐イギリスのジェネラル・ダイミックスF－111アドバーグ爆撃機による集中爆撃を実施する。

ただし飛行経路に当たるフランス、イタリアが上空通過の許可を出さなかったため、イギリス―リビア間のルートはジブラルタル経由地中海となった。往復五〇〇〇キロを超えるため、F－111編隊に対して合計四回の給油が行なわれた。この作戦では一機が帰投せず、これはリビア側によって撃墜されたのか、あるいは事故によるものかはっきりしない。

三：ベトナム戦争におけるもう一つの用法
一九六〇年後半のベトナム戦争において、アメリカ空軍、海軍、海兵隊の航空部隊は、それまで（滞空時間、航続距離の延伸）とは異なった空中給油の用法を実施している。

南ベトナムの温度は平均的にかなり高く、ジェットエンジンの運用効率が悪化する。ダグラスA－4スカイホーク軽攻撃機、マクダネルF－4ファントム戦闘機などが、爆弾、ロケット弾、そして燃料を限度いっぱい搭載すると、離陸が困難になるのである。とくに北爆、つまり南領内の飛行場を発進して、国境を越え、北ベトナムの目標に対する爆撃の場合、この傾向が大きい。

もちろんこの任務の離陸に当たって爆装を減らせばよいのだが、そうすると当然な

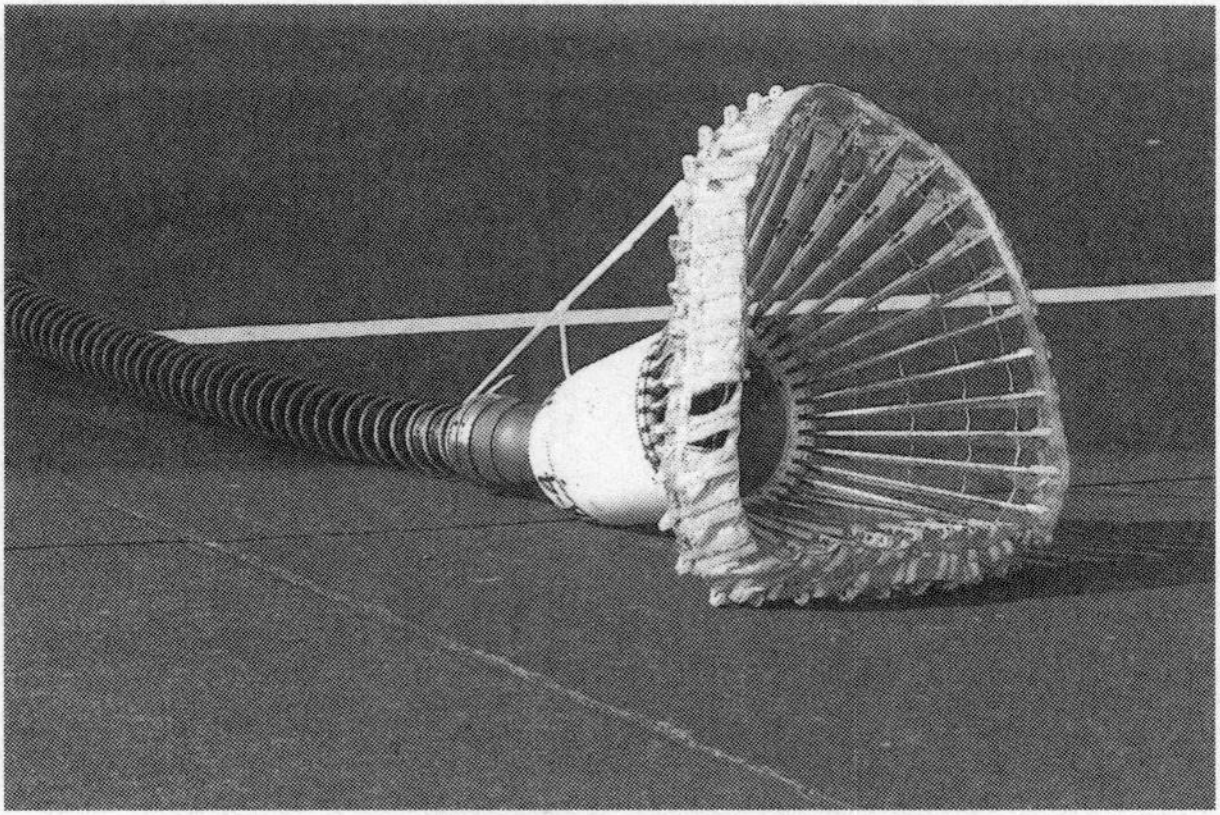

給油機が繰り出すパイプ

がら攻撃の効果が落ちるのである。

そのための対策として、次のような方法が採用された。

爆装はそのままで、燃料は半分程度搭載して離陸、五〇〇～六〇〇キロ飛行したところで、給油機とランデブーし、燃料を満タンにするという用法であった。

これはそれまでのAARとは別な利用方法であったが、実際に運用すると大きな効果を発揮した。

このあとの地域紛争、たとえばボスニア紛争、またより大規模な湾岸戦争でも、アメリカ、イギリス軍は何度となくこれを用いている。

最後になったがわが国における空中給油に触れておこう。

現在、航空自衛隊の戦闘機／戦闘爆撃機の総数は三四〇機前後で、これに対してボーイングKC－767給油機四機がある。これは間もなく三機が増強される。アメリカ軍では戦闘機三五機に一機の割合で配備されているから、やはり一〇機前後は揃えたいところである。

今回は給油機と回転翼航空機／ヘリコプターの組み合わせについて触れなかったが、ヘリの航続力を画期的に伸ばすことも可能なので、別に機会を見て述べておきたい。

ところでここまでAARについて記述していて、突然気づいたことがある。

なぜ第二次大戦で、この方式が使われなかったか、という疑問である。

多発機同士の空中給油は、ちょっと考えても簡単に行なえそうだが、多発機から単発機へは難しそうに思える。

しかし旧ソ連が多用した翼端からホースを伸ばし、受け取る側も翼端から伸ばしたプローブを活用するというループ・ド・ホース方式を取り入れれば、問題なくどのような航空機であっても空中給油が可能と考えられる。

そうであれば、イギリス本土からドイツに向かう爆撃機をエスコートする戦闘機の航続力不足の問題など、一挙に解決しそうな気さえする。

一例としてダグラスC－47輸送機改造の給油機（母機）から、燃料を充分送れば、スピットファイア戦闘機などもベルリンへの往復が可能になる。往路と復路に充分な数の母機が滞空すれば、護衛戦闘機群にとってこれほど心強い味方はあるまい。

さらに枢軸側のドイツ、日本の戦闘機の多くの作戦で、この恩恵を受けることが出来たと思われる。

これが実現しなかったのは、結局技術的な問題ではなく、軍用機同士の空中給油の必要性に気が付かなかった用兵者の発想にあったに違いない。

戦術、技術に限らず、なにより重要なのは、このような頭脳の使い方、あるいは思いつきかもしれない。

軍事史上最高の成功
――朝鮮戦争　仁川上陸クロマイト作戦

大戦終了から五年、ふたたびアジアで戦火が燃え広がる。
一九五〇年六月二五日、十数万名からなる北朝鮮共産軍が、一五〇台のソ連製T－34戦車とともに韓国に侵攻してきた。これを機にちょうど一〇〇〇日続くことになる朝鮮戦争が勃発する
これに対して防衛する側の韓国軍は完全に準備不足であり、わずか一週間足らずで南の首都ソウルは陥落する。その後の反撃もままならず、後退に次ぐ後退となった。なにしろ一台の戦車も、一機の戦闘機、攻撃機も持っておらず、有効な反撃も全く不可能であった。
この現状を目の当たりにしてアメリカは国際連合の了解のもとに国連軍を編成し、

イギリス、オーストラリアなどと共に北軍を攻撃するが、それでもその攻勢をほとんど阻止できず、南への撤退となってしまった。

ここに朝鮮半島全土の共産化の懸念が高まった。

韓国軍、アメリカ軍、国連軍は、ついに半島の南端に追い詰められ、この地に扇形の釜山橋頭堡を築いて抵抗を試みる。

一方、破竹の進撃を続けていた北朝鮮軍も夏の終わり頃から、少しずつ動きが鈍りつつあった。

この理由は、アメリカの航空攻撃が効果を発揮し始めたこと、北本国からの補給線が長くなり物資の不足が深刻化したこと、橋頭堡の防衛側へのアメリカ本国及び日本からの補給が本格化したことなどが挙げられる。

それでも北朝鮮軍は南領内の七〇パーセントを手中に収め、大部分の兵員もこの地に留まっている。

そのような状況の下、釜山の陥落の可能性が消滅したことがはっきりすると、国連軍の総司令官であったダグラス・マッカーサー元帥は世界の戦史史上でも珍しい、敵軍の背後に大部隊を送り込む放胆な作戦を画策する。これは半島の西側（黄海側）、それも共産軍の支配下にある首都に近い港町仁川（インチョン）に大軍を上陸させ、ソウルを奪還するとともに、三八度線の南にいる敵軍を北側から包囲、全滅させようという壮大なものであった。

幕僚の中には、この作戦の意図が事前に漏洩したときには、激しい反撃を受け、国連軍全体が危機に陥ると反対する者も少なくなかった。

しかし前大戦で太平洋戦域の最高司令官であったマッカーサーは、その反対意見を却下し、九月中旬の実施を決定する。この大作戦には、クロマイト（クロム鉱石）という名称が与えられたが、この理由は何とも不明である。

それはともかく韓国軍、イギリス軍、他の国連軍に通達され、秘密のうちに着々と準備が進められた。

釜山橋頭堡の維持の懸念が解消されたころから、作戦開始に向けた打ち合わせが進み、黄海には多くの艦艇が終結する。アメリカ、イギリスの航空母艦六隻を中心に戦艦、巡洋艦、駆逐艦が七〇隻で、さらに同数の輸送船、大型上陸用舟艇が揃う。

またこの大艦隊が仁川に接近する前に、数隻の艦艇が半島の日本海側にまわり、陽動のため艦砲射撃を実施している。

そして九月一〇日、クロマイト作戦が発動され、まず仁川周辺の北朝鮮軍に対し、空母機が爆撃を行ない、さらに巡洋艦からの艦砲射撃がそれに続く。

仁川に上陸する韓国軍

その後、多数の兵員を乗せた舟艇による上陸作戦が、レッド、グリーン、ブルーと名付けられた海岸に対し始まった。

アメリカ、イギリスの首脳は、防衛側の強力な反撃で、上陸部隊が大きな損害を被ることを懸念していたが、状況は全く違っていた。

仁川の共産軍は約二〇〇〇名、また五〇キロ離れた首都ソウル周辺でもわずか五〇〇〇名に過ぎなかったのである。彼らも重火器を持っておらず、すぐに追い散らされてしまった。

他方、国連軍は上陸初日だけでも四万名、二日目にはさらに二万名が仁川の地を踏んだ。当然、空母機、日本本土の基地からの空軍機の支援も行なわれていた。

この状況を知った北朝鮮軍は、慌てて一部の部隊を上陸してきた国連軍に振り向けたが、全く防衛側の強化には繋がらずかえって損害が増えるばかりであった。

上陸後ひと月もたたないうちに、国連軍は四ヵ月前から占領されていた首都ソウルを奪還し、間もなく韓国政府も戻ることができた。

しかも戦いの影響はこのままでは済まなかった。

ともかく国連軍が半島の中間のライン、つまり三八度線の西から東まで、怒濤のごとく進出してしまったのである。

当時、半島の南、つまり韓国領内には一二万名前後の北朝鮮軍がいた。しかしこの北側を完全に抑えられてしまったため、すべての部隊が包囲された形となる。

さらに釜山橋頭堡からは、それまで包囲されていた国連軍が出撃、立場を変えて攻撃側であった北軍を叩き始めたのであった。

加えて周辺の海域では国連軍の艦艇が遊弋しているので、北からの海上補給、あるいは北への脱出も不可能であった。

つまり一二万を超える北朝鮮軍は、身動きできない状況に追い込まれる。

クロマイト作戦はソウルの奪還など完全な成功となったが、その後も大きな効果を見せている。

つまり包囲された北軍の運命は、概略として次のようになる。

戦場で死傷した、降伏し捕虜となった、大きな犠牲を出しながらなんとか本国に戻った、南領内に残らざるを得ずこの地でゲリラ活動を行なった者が、それぞれ四分の一ずつであった。

このうちのゲリラとなった兵士たちは、必死に抵抗を続けたが、その後年末までに韓国軍の攻撃を受け、そのほとんどが戦死あるいは捕虜となった。本国からの補給も、増援部隊の派遣もあり得なかったので、これは当然であろう。

さてこれまで述べてきたごとく、最高司令官マッカーサーの立案したクロマイト作戦は望外の成功となり、彼の名声は世界に轟いた。

最高司令官のマッカーサー

敵軍主力の後方に、大規模な上陸作戦を敢行、完全に包囲、撃滅するという戦略、戦術は、世界の戦史にも例を見ない。
しかもこの実施にさいして、ほとんど間違いを犯しておらず、予想をはるかに超える成果を収めた。
アメリカ軍、イギリス軍、韓国軍首脳は、作戦開始の初日に数千名の損害を覚悟していたと言われているが、実際には二〇〇名に過ぎなかったのである。

さらに韓国の首都の奪還、南領内の敵軍の壊滅など思わぬ勝利となった。繰り返すが、これほど成功を収めた反撃、上陸作戦は他には見当たらない。

このままでいけば朝鮮戦争の勝利は疑いもなく、国連軍の手中にあった。実際、国連軍はこの成功をもとに、今度は北領内に侵攻する。支離滅裂状態の北軍はこれを支えきれず、必死に北方、大河鴨緑江に向け撤退を続ける。

もはやとうてい戦線を支えることが不可能で、敗北は目前に迫っていた。多くの国連軍兵士たちは、戦争はこの年の末には韓国の勝利の形に終わり、新年は家族と共に我が家で過ごすことが出来ると信じていた。

ところが事態は再び大きく動く。

友好的な隣国北朝鮮の崩壊を感じ取った中華人民共和国が、〝抗美援朝〟(美はアメリカを指す。アメリカに抵抗し北朝鮮を助けるの意)を旗印に三〇万名という大軍をもって介入する。この兵員数は国連軍の二倍であった。

さらにこの中国軍は、人民志願軍と名乗っていたが、れっきとした正規軍、それも中国軍最強の第四野戦軍であった。この中国軍は、兵員の死傷を顧みない形の〝人海戦術〟を多用し、猛烈な攻撃を実施する。

このため次には国連軍がこの猛攻撃を支えきれず、全面的な撤退となるのであった。この退却はのちに〝一二月の敗北〟として、これも戦史に残る。首都ソウルは再び共産軍の支配下に置かれてしまうのであった。

しかしながらアメリカをはじめ国連さえ、中国軍の全面介入を予測できなかったのであるから、これはクロマイト作戦の評価とは関係しない。

この事実からクロマイト作戦は、ダグラス・マッカーサーの名とともに、戦史に輝き続けるはずである。

大爆撃による侵攻阻止
——ベトナム戦争　ケサン基地の攻防

インドシナ半島におけるベトナム戦争は、一九六〇年代のはじめに勃発し七五年に幕を閉じる。この間激戦が続くが、もっとも凄惨な戦いが繰り広げられたのは六八年の二〜四月であった。

解放戦線NLF、北ベトナム正規軍NVAは大兵力を投入し、一気に戦争の主導権を握ろうと攻勢を仕掛けた。

その目標はサイゴン（現ホーチミン）などの都市であり、これは旧正月の〝テト攻勢〟と呼ばれ、各地で激しい市街戦となった。

もう一つの戦いはラオスとの国境近くに位置し、アメリカ軍、南ベトナム軍が守っているケサン基地で、もし共産側がこれを陥落させれば、世界は戦争の勝利がどちらに傾いているか否応なく知るはずであった。

かつてフランス軍が堅固な防衛陣で維持し続けていたディエンビエンフーが、共産側のベトミン軍によって占領されたさいには、それはインドシナ戦争の勝敗の分岐点になったのである。

このためケサン基地の攻防は、民主主義のアメリカ、南ベトナム対社会主義の北ベトナム軍のどちらにとっても負けられない戦いとなった。

ケサンは五キロ四方の盆地であり、中央に八〇〇メートルの滑走路を持つ。六〇〇名のアメリカ海兵隊と四〇〇名の南軍特殊部隊が陣地を築いている。

一方、何としても陥落させ占領したい北軍としては、二個師団（第三〇四及び三二五）が直接攻撃に参加し、他に二個師団（第三二〇及び三二四）が予備として待機していた。これらはＮＬＦではなく、すべて北の正規軍でありそれぞれの師団の兵員数は約一万名である。

この状況は、アメリカ軍が四分の一の戦力で防衛しなくてはならないことを示している。

ケサンが北軍によって包囲され危機が迫っている事実は、アメリカ軍首脳としては当然把握していた。すぐにでも救援部隊を派遣すべきではあるが、都市部における戦闘に多くの兵員をとられ、送る余裕がなかった。

そこで計画されたのが、空軍、海軍、海兵隊航空部隊、一部に南ベトナム空軍による基地周辺の北の師団に対する大規模爆撃である。

前述のごとくテト攻勢の戦いは主として市街戦であるから、当然、一般の市民を巻き込んで行なわれた。この戦場では爆撃という戦術は使えず、この状況から陸軍とは違って航空戦力には余裕が生まれていた。

このためケサンでNVAの猛攻を受けているアメリカ軍、南軍を支援するのは、航空部隊の役割となった。

司令部により史上最大の爆撃作戦の実施が立案され、これは〝ナイアガラ〟というコードネームが与えられる。当然、世界最大級の瀑布を意味する。

この気配を感じ取った北ベトナム軍は、第三〇四師団にケサンへの総攻撃を命じた。多数の迫撃砲、ロケット砲が基地に射ち込まれ、また歩兵を接近させている。

アメリカ、南軍は空路運び込まれる豊富な弾薬を頼りに応戦し、死闘が繰り返された。わずか一本のエアストリップ（簡易滑走路）が、重要な役割を果たしていた。

また北軍が戦場に重火器を持ち込めなかったことが、防衛側に幸いしている。

アメリカの偵察機がそれらを発見すれば、虱潰しの爆撃が行なわれるからである。

ケサン周辺の北ベトナム軍を爆撃するF-100戦闘爆撃機(RCG)

このこともあってNVAの攻撃は、インドシナ戦争期のディエンビエンフー攻撃の時と同様に、基地に向かって塹壕を掘り進め機会を見て白兵戦を挑むという形にならざるを得なかった。

兵員数にものを言わせて、北軍の圧力は日増しに増大する一方である。それでも海兵隊と南の特殊部隊は、なんとか持ちこたえている。

そしてついに〝ナイアガラ〟作戦が発動される。

まずタイ国、サイパン、グアムからボーイングB－52大型爆撃機が、次に南の基地から空軍機が、さらに沿岸の空母から海軍、海兵隊の艦載機が、昼夜にわたってケサンに飛来し、爆弾の雨を降らせ始めた。

北の攻撃部隊はもちろん、周辺に待機している予備兵力に対しても、史上もっとも激しい爆撃が行なわれた。

中心に位置する基地の五キロ平方を除く二〇キロ四方に、航空機が連日殺到、ケサンを巡る七七日間の戦闘期間中には、次のような数を記録している。

B-52の出撃数は延べ二七〇〇機、その他の攻撃機二万五〇〇〇機、一日当たりに換算すると三五機と三三〇機となる。さらに投下された爆弾の量は一一万四〇〇〇トンであった。

太平洋戦争のさい、日本本土への投弾量は約一六万トン、これがほぼ一年間の数字であるから、ナイアガラの凄まじさがわかろう。

さらにアメリカ軍にとって極めて有利な状況があった。ケサン周辺の北ベトナム軍は、有効な対空ミサイルおよび大型の対空火器をほとんど持たなかったことである。せいぜい低空爆撃を行なう米軍機に対して、機関銃で応戦する程度で、高射砲の類は極めて少なかった。

そのためナイアガラのさいの爆撃機の損失は、わずかに一〇機前後であったと推測される。とくにB-52に関して撃墜されたものは皆無だった。

その一方で四個師団からなるケサンを包囲している北軍は、二ヵ月以上にわたって

B-52 爆撃機

ほとんど反撃できないまま、たんに叩かれ続けた。なかでも基地に接近していた二つの師団は、爆撃による膨大な死傷者を出している。

このようにナイアガラは完全な成功を収め、大規模爆撃が開始されてからほぼ二ヵ月、北軍はついにケサンの占領を諦め撤退していった。

当時にあってディエンビエンフーの再現か、と世界的な関心を集めた戦いは、見事にアメリカ、南軍の勝利に終わった。

爆撃が圧倒的な地上勢力の撃滅に成功した、戦史上稀に見る戦いであった。

これは両軍の戦死者、負傷者の数にも表われている。資料によって数字は異なるが、防衛側のそれは戦死三〇〇～四〇〇名、負傷者一二〇〇名で、戦いの規模の割には少なかった。反対に攻撃側の北軍の損害は、膨大なものとなった。

戦死者は三五〇〇～八〇〇〇名、負傷者もほぼ同数とみられる。

ともかく雨のように降り注ぐ爆弾に対して、塹壕に身を潜める以外に逃れる道はなかったからである。

戦後に至ると、北軍の首脳は珍しく反省の弁を述べている。

つまり兵員の死傷を覚悟で、歩兵をケサン基地に突入させるか、あるいは爆撃を避けるため一時的にそれぞれの師団を戦場から撤収させるべきだったのか、ということである。

ところが、実際にはどちらも選択せず、多くの兵員を陣地に待機させており、長い期間アメリカ軍の爆撃の目標としてしまったのであった。

そのため敵軍の一〇～二〇倍の戦死者を出し、しかもケサンの占領という目的を果たすことも出来なかった。

まさにこの戦争中の多くの戦闘のうちで、明確なアメリカ軍の勝利、北軍の敗北であった。

しかしその後、再び状況は大きく変わる。この年の夏にアメリカ軍は、この基地を維持していくための軍事的負担があまりに大きいと考え、ケサンの放棄を決定する。

さらに北はその事実を知りながら、占領することはなかった。

現在、ケサンの戦跡には、両軍の兵器が展示されているが、あまり手入れされることもなく錆びつきつつある。

また周辺地域には葡萄畑が豊富な緑を蓄え、広がっているのであった。

旧式機を囮に

――アゼルバイジャン・アルメニア紛争における新戦術

中央アジアのすぐそばに位置する二つの国が、たびたび紛争を繰り返している。

・アゼルバイジャン：面積九万平方キロ　人口一一〇〇万人　首都バクー
・アルメニア：同三万平方キロ　人口三〇〇万人　首都エレバン

この紛争の原因は、旧ソ連時代にアゼルバイジャン国内に、飛び地としてアルメニア人が多く住むナゴルノ・カラバフ地区が存在することによる。

この場所は一時アルツア共和国として独立を試みている。

面積四四〇〇平方キロで、一五万人が暮らしている。アゼルバイジャンとしては、国のなかに支配の行き届かない地域があることになり、とうてい認めるわけにはいかず、軋轢が続いているわけである。

無人化され囮として使われたアントノフAn-2コルト

ロシアはどちらかというと、アルメニア支持だが、一応中立的な立場をとっている。

最近における両国の軍事衝突は、二〇一四年、一六年と勃発しているが、規模としては大きなものではなかった。

しかし二〇二〇年九月～一一月には短期間ながら極めて激しい戦いが行なわれ、両軍合わせると五〇〇〇名を超える戦死者が出ている。

ここで戦況の詳細を述べる余裕はないが、この戦争ではこれまでになかった形の戦闘が勃発し、非常に興味深いのでそれを追ってみる。

ただ人口の差のごとく、兵員の数もアゼ側約六万名、アル側二・五万名程度とみられ、一四、一六、二〇年の衝突すべてにおいて前者が押し気味とみられている。さらに両国とも内陸国なので海軍は存在しない。その一方で、両国は石油を産出し、輸出も行なっており、潤沢な資金を保有している。そのため兵器の数も多く、また新しいものもある。もちろん国産ではなく、多くはソ連／ロシア製に加えて、距離的に近いトルコ、イスラエル製も少なくない。

さて紛争は二〇二〇年九月二七日に始まったが、最初に出撃したのはアゼ側の航空機、それも旧式な単発複葉の汎用機アントノフＡｎ－２コルトであった。

初飛行から半世紀以上たっているが、低性能ながら信頼性に富むことから旧共産圏はもちろん欧米でも使われており、まだまだ現役である。生産数は実に一万八〇〇〇機を超えている。

しかし最大速度は三〇〇キロ／時足らずの大型機であり、繰り返すがなんと複葉機なのである。

なぜこれが先端を切って出撃したのだろうか。

いくつかの情報によるとこれらは完全に無人化されており、一五機前後がアルメニアの国境を越え、低空から同国に侵入した。といって爆撃を行なうわけではなく、たんにゆっくりと入ったのである。

アルメニア軍が配備していたとされるSA-7対空ミサイル

これがアゼ軍による練りに練られた新戦術であった。レーダーでコルトを発見したアル軍は、これを爆撃機と判断し、多くの対空ミサイル、対空砲を放った。

当然、大型低速のコルトはすべて撃墜されたが、これこそ敵の対空能力を減衰させるための囮であったのである。

具体的な目的としては、ミサイル、対空砲陣地の位置を探ること、またミサイル、砲弾を消費させることである。

アル側としては侵攻してきた敵機が、無人の囮機とは思いもよらず、全力で迎撃しすべてを撃墜したと安堵したはずである。

この状況をアゼ側の偵察機、偵察用ドローン（UAV）が上空からしっかりと見届けていた。

そして間もなく今度は、大型の武装ドローンによる対空陣地への攻撃が開始された。投入されたのは飛行機型のトルコ製のＢＴ－２バイラクタルである。

本機はA型の尾翼を持ちスパン一二メートルの本格的なＵＡＶで、あらかじめインプットされた目標上空まで飛び、四発のロケット弾で攻撃する。

価格は誘導システムを含めて約二億円、通常では六機を一セットとして販売されている。

とくに高性能な、例えばアメリカのＭＱ－１プレデターなどと比較すると簡易型とも言えるが、その分、価格は安くなっている。

このＢＴ－２はかなりの数が投入され、アル軍の対空部隊は大きな損害を出したと伝えられている。

史上初めて使われた囮（デコイ）とＵＡＶを組み合わせた戦術は見事な成功を収め、世界の軍事専門家を唸らせたのであった。

さらにはそれまであまり評価されなかったトルコのこの分野の実力は、すべての軍隊の注目を集め、バイラクタル社の無人機、ドローンに注文が殺到する。

対空システムを沈黙させたＢＴ－２はその後、アルメニアの機甲部隊を攻撃し、多くの軍用車両を破壊している。

なかでも戦車に関しては、三〇〇台以上を撃破したと言われる。

それではこのUAVについては、どれだけの数が使われたのであろうか。

これは当然機密事項で、正確な数は不明である。しかし紛争終結後、しばらくしてアル軍は、七〇機以上のアゼルバイジャン軍のドローンを破壊した、と発表している。

これが事実とすると、攻撃を終えて無事帰還した機体もあるだろうから、少なくとも二〇〇機が投入されたとみるべきであろう。

世界初とも言えるUAVによる対空陣地ならびに戦車部隊への攻撃は、大きな成功を収めたと言えるが、実際にはまだ不明な点がいくつかみられる。

最初に浮かび上がるのは、An－2コルトの無人化への疑問である。アゼルバイジャンが、レシプロエンジン装備の複葉大型汎用機を本当に無人化することが出来たのであろうか。

無人機を飛行させる技術は単純であるものの、離陸させ、目的地まで到達させることはそれほど簡単だとは思えない。

一部の報道によると、離陸はパイロットが行ない、定常飛行に入ったあとパラシュートで脱出したとも伝えられている。

また時速三〇〇キロという低速で飛ぶコルトを、アルメニア軍のレーダーが捕捉したさい、これを現代の攻撃機と誤認したとする情報にも疑問が浮上する。

軍用レーダーなら、該当機の速度も当然把握可能と考えられるからである。

しかし複数の海外メディアは、アゼルバイジャンとアルメニアの戦争について、ここに掲げたような報道をしているから、これまで記してきたような囮とUAVの組み合わせによる戦術が使われ、それが大きな戦果を挙げたと考えられる。

このさいの紛争は、ロシアの仲介で四回の交渉の末、ようやく停戦に至る。アル側が降伏したわけではないが、戦闘の勝利はアゼ側にあって、飛び地ナゴルノ・カラバフの一部がアゼルバイジャンに編入されている。

兵器篇

新兵器の革新

――戦車の登場

本項では陸戦の王者の風格を持つ、強力な兵器である戦車（ＴＡＮＫ）を取り上げる。ただその活躍を、他の新兵器とは違った形で分析したい。

なぜならそれは第一次世界大戦中の西ヨーロッパ戦線に登場した新兵器である戦車が、あまりにも不細工、無力であり、すぐさま別な形の〝新兵器〟としての新型戦車の登場を見るからである。

少々分かりにくい導入部であるが、この理由は次に繋がる文章の中で説明したい。

まず戦車という武器を最初に開発したのは、英国の海軍であった。普通なら陸軍であるはずなのだが、用兵思想、新兵器開発に関して、多くの国々のそれと同様に常に保守的な陸軍は後手に回っていた。

当時、主要参戦国のフランスとイギリスの陸軍、そして対するドイツ陸軍は大都市パリの北方で長期間にわたり睨み合っていた。

大戦がはじまり三年近くたつと、これらの軍隊は互いに膨大な塹壕を構築し、その中に籠りながら砲撃戦を繰り返す。時折歩兵の攻撃も行なわれているが、塹壕戦では出撃する側が常に大きな損害を出している。

そうなると対峙するものの戦線は膠着し、時間だけが過ぎていく。

これがいわゆる「西部戦線異状なし」といった状況であった。

業を煮やしたイギリス海軍の将校たちが、これを打破しようと陸上戦艦なる兵器の開発に乗り出す。

厚い装甲と強力な武装を持つ無限軌道（キャタピラ）で、路面の状態を問わず走行可能な車両を造り、これをこの戦線に投入する。

そして一挙にドイツ軍の防衛線を突破しようと考えた。

設計を終え、試作が始まると、それは機密を守る意味からこの車両はタンクと呼ばれることになった。

これは水槽（タンク）を製造している、と思わせるためで、このあと重装甲の戦闘車両は戦車／タンクとなった。

史上初めて登場したイギリス軍の菱型戦車Mk1

それにしても完成した兵器は、とてつもなく大きなものとなった。

写真のごとく全長は一〇メートル、幅四メートル、乗員は八名、そして重量は三〇トン近い。形状は菱形《ひしがた》で、一〇〇馬力のガソリンエンジンで走行する。

現在のわが国の小型車は、一トンの車体を同出力の一〇〇馬力で走らせているから、誰にでもこの菱形戦車の運動性がわかろうというものである。予想されるとおり、よろめくが如く動くものの、速度は六キロ／時に過ぎない。

車体の両側に口径五七ミリの榴弾砲を装備しているが、その射角は極めて小さく、とうてい有効な砲撃は難しい。

イギリスはこの雄型戦車二〇〇台をフラ

ンスに運び、ソンムの戦いに投入した。しかし故障に悩まされ、実質的に登場したのは六〇台にすぎなかった。

それでもこの〝怪物〟に驚いたドイツ軍は、最初の攻撃で二〇キロほど退却したものの、すぐに体勢を立て直している。

その後ドイツの技術者たちは、戦車の開発を進め、半年後にはA7V型を完成させた。これも前線に姿を現わすが、こちらも信じられないほどの失敗作であった。

イギリス軍のそれよりも一回り大きく、重量も三二トン、一〇〇馬力のエンジン二基で走行する。驚くのはその乗員数でなんと一八名！　機関銃の銃手だけで六名、しかも信号手まで乗っている。

四角い箱の隅をカットした形をしており、全長八メートル、幅三メートル、高さ三メートル、速力は一五キロ／時となっていた。

このA7Vは終戦の直前、実戦に投入されたが、これといった戦果を挙げる前に大部分が撃破されてしまった。

イギリス軍の菱形戦車、ドイツ軍の箱型戦車ともに、新兵器ではあったが、完全な失敗作と判定された。

普通に考えても大きな菱形、箱型の車両は、象が歩くがごとくゆっくりと動くだけ

ルノーFT戦車

なので、容易に機関銃、野砲の標的でしかない。

しかもどちらも装備されている砲、機関銃の射界が狭く、射撃時に制限される。結局、戦争が終わると同時に、これらの陸上戦艦は早々に廃棄されてしまった。画期的な新兵器がろくに活躍しないまま、消えていくような例は極めて珍しいと言えるだろう。

さてこの惨めな状況のすぐあと、ようやく成功した新兵器と呼ぶべき戦車が登場する。

これがフランスのルノー社が誕生させた、ルノーFT17（のちにNC型）であり、現代の戦車の基本形であった。

その特徴は、

・車体の上部に回転式の砲塔を有する
・車体の外板の一部を傾斜、あるいは丸みを持たせた、いわゆる避弾径始を有する
・キャタピラを露出する形で装備し、走行性能を向上させる
・乗員数を減らし、車体を出来る限り小さくする
・運動性と速力を向上させる

と菱形、箱型戦車とは全く異なる戦闘車両であった。
備砲は同じ三七ミリ口径だが、こちらは回転砲塔により全周の射撃が可能となっていた。

これらの説明よりもルノーFTの写真を見れば、相違がはっきりする。
またもともと新兵器の開発に関しては、全く優秀な技術品を生み出したことのないフランス軍の歴史的な例外が、FT17であった。

本車はこれによりフランスおよびアメリカなどでも大量生産が行なわれ、その総数は一万四〇〇〇台を超えている。

さらに実用は一九一八年の春であるが、二〇年後の第二次世界大戦、そのまたあとの中東戦争でも使われている。

繰り返すが、陸上戦艦という設計思想はそれなりに評価されるにしても、菱形、箱

型戦車に関してはあまりに不細工であり、誰が考えても完全な失敗作というしかない。新登場の新しい兵器が、これほどの代物であった例は、他に見つからない。

一方、ＦＴ戦車こそ、近代戦車の成功した祖先なのであった。その活躍は多数が製造され、多くの戦場で使われたこともあって、現在でも四〇台を超える車両が各国の軍事博物館で展示されている。

この事実こそ、本車が成功した証拠なのであった。

一〇〇年にわたって現役であり続ける兵器
――ブローニングM2機関銃

進歩の著しい現代にあって、兵器もまた同様である。それまで全く知られていなかったステルス、ドローン、ロボットなどが次々と登場し、しかも年ごとに改良されていく。

そのような状況の中で誕生からほぼ一世紀、しかも現役であるだけではなく、現在もある程度の数が量産されているという驚異的な兵器が存在する。

これがどのような兵器か、専門家でもなかなか思いつかないが、それはブローニングM2　口径一二・七ミリの重機関銃である。

この信頼性に優れた機関銃の原型が生まれたのは、なんと一九二一年であるから、まさに一〇〇年も昔である。この頃にはM（ミリタリーの意）1921年型と呼ばれ

M113装甲兵員輸送車のM2

ていたが、改良を重ね一九三三年にM2型としてアメリカ軍に制式に採用された。

このあとは大きな変更なく、第二次世界大戦はもちろん朝鮮、ベトナム戦争から現在に至るまでそのままの形で兵器としてアメリカを含む四〇ヵ国で使用されている。

仕様としては口径一二・七ミリ、重量約四〇キロ、発射速度八〇〇発／分となっている。

このM2は、大戦が勃発するとAM（陸軍海軍仕様）2型として大量生産が開始され、この六年間だけでも一〇〇万梃前後が生まれている。

当時のアメリカ陸軍（空軍の誕生は戦後である）、海軍の戦闘機のほとんどすべて九五パーセントはこのAM2を四～八梃装備していた。

その他の国の戦闘機が、七・七ミリ、一二・七ミリ、二〇ミリと三種類の機関銃を付けていたのに比べると、アメリカ軍は徹底してAM2に拘った。日本海軍の主力戦闘機であった零戦の後期型は、信じられないが一機にこの異なる口径の三種の機関銃を搭載している。機銃弾の種類は少なくとも四種あるから、この零戦の出撃準備の面倒さが判ろうというものである。

AM2を装備したのは戦闘機ばかりではない、B－17、B－24といった大型爆撃機も、また海軍の攻撃機も防御用として複数搭載していた。

さらに海軍の艦艇、陸軍の戦闘車両もすべてこの兵器を搭載していた。言うまでもなく整備性、補給の用意さからいって兵器の統一が、軍隊の強さの後ろ盾になっている。

どこの国の軍隊でも兵科が異なると、互いの関係が良いとは言えず、統一性を忘れて独自の兵器を装備したがる。

旧日本軍ではとくにこの傾向が強く、陸海軍の同じ口径（例えば二〇ミリ機関砲）の砲弾が共通化されていなかった。

潜水艦に据えつけられたM2

貧しい国の軍隊が、共通化を怠り、豊かな国が見事にそれを成し遂げた好例をここに見ることが出来る。

さらにそれを進めたのがM2の性能であった。例えば砲口速度が大きく、最大射程は実に六、七キロ、有効射程は二キロに達する。

これと比較すると他国の一二・七ミリは、その七割程度であった。この優秀な性能から、先の陸軍、海軍は無論のこと、海兵隊、沿岸警備隊まで制式兵器として採用した。

また厳しい製造基準が用いられていたため、M2の精度は素晴らしく、なんと重機関銃でありながら、望遠鏡のついた狙撃銃としても使われている。

これだけの信頼性、汎用性などに他国が

目を付けないわけはなく、日本陸軍もこれを参考にホ一〇三（制式名は一式一三ミリ固定機関砲）を製造して、戦闘機などに搭載したが、無理に軽量化したこと、製造のさいの工作精度が低かったことなどから、アメリカの製品と比べてかなり劣っていたと言わざるを得ない。

このような状況を知ると、当時の日本はすべての面でアメリカよりかなり下にあったことがわかる。

AM2はジェット機時代になっても、ノースアメリカンF－86セイバー戦闘機などの主力機関砲であった。

さらに現在でもアメリカはもちろん、わが国においても重用されている。

陸上自衛隊の戦闘車両、海上自衛隊、保安庁の艦船などで多くの数が現役である。

しかも一九三〇年代のものと大きな差がないまま、国内で量産されており、毎年八〇～一〇〇梃が多くの弾薬と共に造られている。

この事実からブローニングM2　一二・七ミリは今後どこまで使い続けられるのか、想像もつかない。総生産数は軽く一〇〇〇万梃を超えるはずである。

研究者の間で、就役期間が最長の兵器は、アメリカの大型爆撃機ボーイングB－52ストラトフォートレスと言われている。本機は一九五四年四月に初飛行しており、少なくとも二〇四〇年前後まで使用される。

なにしろ親子孫と三世代のパイロットが誕生するのではないか、と話題になるほどなのである。

しかしこの爆撃機が退役しても、Ｍ２はまだまだ使い続けられる可能性が高く、もしかすると、なんと一五〇年にわたって現役であり続けるかもしれない。

まさに驚異の兵器、奇跡の兵器なのであった。

盲点をついた新軍艦
──ポケット戦艦の登場

一九三六年一月二六日、第一次世界大戦に敗れたものの、欧州の新時代に向けて立ち直りつつあったドイツ海軍は、それまでどこの国も所有していない全く新しい兵器を就役させた。

これがすぐさま世界の海軍を震撼させることになる、ドイッチュラント級装甲艦である。この装甲艦という艦種は、それまで存在しておらずかなり独創的なものではあったが、しかし誰もその呼称は使わず、〝ポケット戦艦〟と呼んだ。この理由は満載排水量一・五万トンと重巡洋艦並みでありながら、新設計の一一インチ（二八センチ）砲を六門装備していたからである。この主砲の口径はたしかに戦艦クラスだが、その一方で当時にあって戦艦の排水量は平均的に二・八万トン程度であったから、た

ドイッチュラント

しかに〝ポケットに入るような〟小さな戦艦ではある。

ドイッチュラント級は、合わせて三隻が進水し新生ドイツ海軍の中心戦力となる。彼女らはシュペー、シェーア、リュッツオ（のちにドイッチュラントから改名）で、次々と進水、就役した。

もう一度この三隻の特徴を整理してみる。

・排水量は重巡洋艦か、それより多少多いものの、普通の戦艦の半分程度。

・主砲の口径は一一インチで、戦艦よりは小さいが、重巡よりは桁違いに強力である。なお本艦の一一インチ三連装砲塔（二基搭載）は、巡洋戦艦シャルンホルストの三基搭載のものと同様で極めて強力であった。

・最高速力は二六ノットで、重巡の二八～三〇ノットと比較すると多少遅い。しかし当時の戦艦のそれは二三ないし二四ノットで、三隻はかなり速い。
・当時の大型軍艦の推進システムは蒸気タービンであったが、このクラスはディーゼルとなっている。これは長大な航続力を意味する。
・防御力、装甲に関しても、戦艦と重巡の中間と言える。
このように、ドイツ海軍は宿敵であるイギリス海軍の盲点を突いた形の軍艦を誕生させたのであった。

再述すると、攻撃力が充分な戦艦群は速力からポケット戦艦を捕捉できない。またより高速な重巡洋艦は、攻撃力で大きく及ばない。

この攻撃力に関して、発射する砲弾の重量が口径の二乗に比例すると大雑把に仮定して、八インチ砲八門を装備する新鋭の重巡と比べてみよう。

ドイッチュラント級　一二一×六　指数七二六
重巡洋艦　六四×八　指数五一二
で、この簡易式からでも、前者の攻撃力がはるかに大きなことがわかる。

このようにイギリスは当然として、他国の海軍もこの新型ポケット戦艦に大きな衝撃を受けたのであった。

また推進機関も八基のディーゼルエンジンで、二基のスクリュープロペラを駆動す

アドミラル・グラーフ・シュペー

るという新しい方式も注目の的となった。

結局、ドイッチュラントクラスを捕捉し、撃沈することが可能な軍艦は世界でも次の三隻のみであるとの分析となった。

イギリス海軍の巡洋戦艦フッド（四・三万トン、一五インチ砲×八門、三一ノット）、レナウン、レパルス（二・八万トン、一五インチ砲×六門、三〇ノット）で、これらを除くとポケット戦艦は敵なしなのである。

ドイッチュラントなど三隻は世界でも画期的な兵器と評価されることになる。

さらに彼女らは、ある意味から他国の海軍の盲点を鋭く突いたものであった。

第一次世界大戦に敗れたドイツは、その後のベルサイユ条約により、再軍備を許されてはいたが、それには厳しい制限が課せられていた。

軍艦に関しては、排水量一万トン以上の大型艦の保有は許可されなかった。ポケット戦艦の排水量は、実際よりも少なく、公的には一万トンと発表され、この数字からはこの条約に適合するとされていた。

イギリス、アメリカなどは、重巡以上の攻撃力をもつ軍艦の保有は許さないつもりでこの排水量を定めたのであろうが、ドイツ海軍は見事にこの盲点をクリアし、強力な三隻を誕生させたのであった。

それではドイッチュラント三姉妹の、活躍ぶりと最後を見ていこう。

◦ドイッチュラント（のちにリュッツオと改名）　一九三三年四月竣工

ノルウェー、バルト海、北極海の戦闘に参加するが、大きな戦果はなし。のち空爆により大破、着底。戦後ソ連が引き上げるが、そのまま解体。

◦アドミラル・シェーア　一九三四年一一月竣工

開戦後しばらくして空襲により損傷。これを機に中規模の改装を受ける。その後、大西洋で連合軍への通商破壊戦に従事。それなりの戦果を挙げる。中期以後あまり活躍せず、バルト海で陸上砲撃に従事。終戦間近に爆撃で横転し、戦後そのまま埋め立てられる。

◦アドミラル・グラーフ・シュペー　一九三六年一月竣工

一九三九年九月の開戦から三ヵ月後、ブラジル近海でイギリスの警戒部隊の三隻と交戦、巡洋艦エクセターなどに損害を与えるものの損傷を受け中破。リオデジャネイロ港沖合ラプラタ河の河口で自沈。

結果として画期的な装甲艦、ポケット戦艦であったが、一応活躍したものの戦果は決して大きくなかった。この理由は、彼女らの性能、能力の不足ではなく、ドイツ海軍の運用者、用兵者の積極性の無さと思われる。

これは戦争の全期間を通じて同国海軍の大型水上艦の戦い方を見ると、常に感じられる事実である。それでもなお一万トンの船体に一一インチの巨砲を搭載したこのクラスは、あまりに特異な軍艦としていつまでも世界の戦史に残るであろう。

もっとも活躍した旧式兵器
――フェアリー・ソードフィッシュ艦上攻撃機

当然のことながら、用兵者は最新の兵器を望んでいる。これは一般的には正しいと言えるが、実戦では多くの例外がある。

ここでは超旧式ながら大活躍した軍用機を紹介しよう。

第二次大戦下の列強各国（アメリカ、イギリスなど）の海軍のうちで、航空母艦を建造、運用したのは日米英の三ヵ国のみである。

ドイツ、イタリア、フランスは建造には着手したものの、実戦には投入しないままに終わっている。

空母を基地とする機種としては、戦闘機、艦上爆撃機（艦爆）、艦上攻撃機（艦攻）であり、原則として艦爆は急降下爆撃、艦攻は魚雷攻撃（雷撃）を行なう。

大戦勃発から二、三年を経て、これらの艦上機は大いに威力を発揮するが、ここでは攻撃力の主力である艦攻について見ていく。

日本海軍：愛知九七式艦攻　最大時速三五〇キロ　全金属製
アメリカ海軍：ダグラスＴＢＤデバステーター　同三三〇キロ　全金属製
イギリス海軍：フェアリー・ソードフィッシュ　同二二四キロ　鋼管布張り

なおそれぞれの初飛行だが、一九三七年三月、一九三五年四月、一九三三年三月となっている。

これらの数字からもわかるとおり、イギリスのソードフィッシュは極めて旧式であった。構造は第一次大戦機と変わらぬ羽布張り、しかも古色蒼然たる複葉機！　第二次大戦の軍用機で一部の例外を除くと、複葉機はかなり珍しい。

さらに最高速度を見ると、日米の艦攻と比べて時速１００キロも遅い。

そのうえコクピットはオープンで、これまた時代遅れと言うしかなかった。

ところがいったん戦闘が開始されると、このカジキマグロ（ソードフィッシュ）は思いもかけぬ見事な活躍ぶりを発揮する。

一：イタリア海軍最大の基地タラント港に対する夜間空襲

一九四〇年一一月一一日、地中海に暗闇が近づくと、イギリス海軍の空母イラスト

ソードフィッシュによるタラント港攻撃(RCG)

リアスがタラントに接近し、二波あわせて二一機のソードフィッシュを発進させた。攻撃目標は、この基地に停泊している三隻のイタリア戦艦であった。

旧式艦攻は日付が変わるころ低空から侵入し、雷撃と爆撃機を実施する。

イタリア側は夜間の攻撃など全く予想していなかったこともあり、戦果は信じ難いほど大きかった。三隻の戦艦はかなりの損傷を受け、港内に着底（沈むが水深が浅く、艦底が海底についてしまうこと）、一隻はそのまま廃棄、残りもかなりの期間行動不能となってしまった。

さらに巡洋艦、駆逐艦三隻が中破している。

これに対してイギリス側の損害は二機が

撃墜されたのみ。

このようにソードフィッシュは、史上初めての夜間攻撃を行ない、大きな戦果を収めた。さらにすべてが発着艦を無事に終えている。

この作戦にはジャッジメントという暗号名が与えられており、さらに一年後の日本海軍による真珠湾攻撃に多くのヒントを与えたといわれている。

二・ドイツ海軍の大海獣ビスマルク追撃戦

タラント港夜襲の半年後、ドイツ海軍の最新鋭戦艦ビスマルクが、通商破壊作戦のため北大西洋に姿を見せた。本艦は満載排水量五万トンという巨大な戦艦で、わが国の大和が登場するまで、まさに世界最強であった。

イギリス海軍はこの行動を阻止するため、巡洋戦艦フッド、戦艦プリンス・オブ・ウェールズを送り、ここに激しい砲撃戦が開始された。

その後短時間のうちにフッドは中央部に命中弾を受け轟沈。生存者は一五〇〇名の乗員のうちわずかに三名のみの悲劇であった。

さらにプリンス・オブ・ウェールズも大きく損傷し、退却を余儀なくされる。ドイツの海獣はその持てる力を最大限に見せつけたのであった。まさにイギリス海軍の栄光は地に落ち、もはやビスマルクの行く手を遮るものは、皆無のように思われた。

イギリス空母ビクトリアス

この状況で空母ビクトリアスとアークロイヤルは、あわせて二四機のソードフィッシュを発進させ、悪天候のなか雷撃を実施する。

まず一本の魚雷が命中したが、これによるビスマルクの被害は軽微だった。

しかし二本目が同艦後部の舵に当たり、これを破壊したのである。

これにより巨艦も、大きく円を描いて回るだけといった状況になってしまった。

落胆していたイギリス海軍もこれを知ると、一転勇気付けられ戦艦二隻、巡洋艦四隻を戦場に送り込み、砲撃と雷撃を繰り返し行動不能になった大海獣を仕留めるのであった。

すでに述べたとおり、ビスマルク撃沈の

立役者は間違いなく、ソードフィッシュ攻撃機であった。当日も空母からの発艦、着艦ともに危ぶまれるような悪天候であったが、旧式な大型複葉機は一機の事故もなく見事に任務を果たしている。まさにカジキマグロは地中海、大西洋の戦艦殺しであった。

さて初飛行後一〇年近くも経っていながら、本機がこれほど活躍できた理由はどこにあるのであろうか。

無類の安定性と信頼性がまず挙げられる。全幅一四メートル、全長一一メートルという大型の艦上機でありながら操縦は簡単で、あるパイロットは「自動車免許をもっているなら三時間の練習で飛ばすことが出来る」と語っている。

また飛行速度が遅い分、着艦速度も極めて低く、空母に降りるさいの設置速度はわずか時速六〇キロに過ぎない。

この事実が夜間や荒天下の運用を可能にしたのであった。

イギリス海軍は旧式機ソードフィッシュのこれらの利点を十分に活用し、歴史に残る大作戦を成功に導いたと言えよう。

古い兵器のこれほどの活躍は、奇跡としか表現のしようがあるまい。

その一方で、低性能はやはりそれだけのものであった。

一九四二年二月、イギリスとフランスの間の英仏海峡を、二隻のドイツ戦艦シャルンホルストとグナイゼナウが全力で突破しようとする出来事があった。

イギリス本土から肉眼で敵艦が見える海域なのである。

これを阻止すべく六機のソードフィッシュが魚雷を抱いて出撃するが、今回は戦果ではなく悲劇が待ち構えていた。

戦艦は多数のメッサーシュミットBf109戦闘機にエスコートされていたのである。これらの戦闘機にとって三〇〇キロ／時にも達しない雷撃機など、標的と同じであった。六機すべてが撃墜され、戦果も全くなかった。

やはりソードフィッシュが活躍できたのは、〝敵機のいない戦場〟という条件が付いていたのである。

この英仏海峡を巡る戦闘の後、同機は第一線から退かざるを得ず、対潜哨戒、連絡といった任務に回されている。

このような事実があるにしろ、タラントでイタリア戦艦を、また北大西洋でドイツ戦艦を葬った実績は永遠に残るのであった。

思いがけない成功
——日本陸軍の大発

兵器の中には、設計者自身が思いもかけないほど活躍し、兵士たちから大いに愛されたものもある。しかもそれはどのような戦史でもこれといった評価、そして紹介もされておらず、まさに縁の下の力持ちといった状態であった。

さらにこれといった特記すべき性能も持たず、きわめて平凡ではあったが、この兵器なくして多くの作戦の成功が望めないほど貴重なものと言える。

前置きが長くなってしまったが、ここで紹介するのは、日本陸軍が多数、多分三〇〇〇隻以上建造し、あらゆる戦場で使用した大発動艇、通称〝大発〟である。

まさにこれといった特徴のない木造艇でありながら、日本陸軍が存在する戦場のどこでもかならず姿があり、作戦には欠かせない輸送手段であった。

大発は一九二〇年頃から開発が始まり、終戦まで、いや終戦後も製造が続けられている。それでは一つの成功例としてこの木造の中型船を紹介する。

一九二〇年代の終わりから設計が開始され、前述のごとく終戦後も建造が続いた。全長一五メートル、全幅三・三メートル、排水量一〇トン、エンジンは六気筒のディーゼルで、出力は六〇馬力となっている。性能として航行速度は九ノット（一六キロ／時）、航続時間一二時間であった。

国内数ヵ所のごく一般的な造船所で造られているので、細かい部分に相違はあるものの、先の数値は共通であった。載荷重量は五トン前後あるいは兵員七〇名となっていた。

プラスチックのない時代なので、大部分は木造、一部に鋼船である。

このように何の変哲もないごく普通の中型船だが、一般の輸送船とは異なる特徴を備えていた。

船首が大きく左右に開き、ここに頑丈な板が取り付けられていたこと。これは岸壁、砂地に降ろすことが出来る斜路（ランプ）となっていて、例えば自動車や大きな貨物のなどの積み下ろしのさい、極めて便利であった。現在の長距離フェリーや自動車運搬船には、すべてこのランプが取り付けられている。

陸軍の大発

つまり十数年後に実用化される、いわゆる上陸用舟艇が持つ利便性を大発は建造されるときから先取りしていたのである。また船型にも工夫が施され、今で言われるところのカタマラン（双胴船）に近い形状であった。

これは航洋性に優れ、さらには船体の動揺を小さくする働きをする。また速度が大きいとは言えなかったが、装備されたディーゼルエンジンの故障はきわめて少なかった。

このような大発だが、一九三七（昭和一二）年に日中戦争が勃発すると、二〇〇隻が戦場に送られて大活躍することになる。

中国の交通手段を示す言葉に、「南船北馬」というものがある。つまり中国の南には河川、湖沼が多く船が役に立ち、北方は平地が広がり馬、馬車が便利という意味である。

日本陸軍が中国の南部に進出すると、この中型の舟艇はその本領を発揮し、なくてはならない兵器となった。

兵士、物資、武器の輸送は当然として、ときには天幕を張り野戦病院、あるいは司令部として使われる。速力は遅いが、船体は頑丈で、港がなくともランプを利用し兵器の陸揚げも可能である。

さらに木製なので、一部が破損しても修理は現地で簡単にできる。

なにしろ使い易いのである。この状況から、大発は次々と本土から送り込まれ、太平洋戦争の勃発時には五〇〇隻前後がこの戦域に存在したと考えられる。

さらには床板を補強し、数門の迫撃砲、機関銃を搭載した小型砲艦も造られている。中国軍の反撃が激しくなると一〇隻の大発を武装型がエスコートして河川を進む光景も見られた。

大戦争が始まっても、活躍は続いた。大型の輸送船に搭載され、アジアの戦場における上陸作戦ではなくてはならない兵器であった。

マレー、シンガポールなど、多くの激戦地でこの船の姿は見られたのであった。

海軍の特型運貨船

この活躍を目のあたりにした海軍も、大発を購入、配備し始める。あまり仲の良くなかった陸海軍だが、これに関してはとくに軋轢もなく共同で使用した。

ただし海軍では大発と呼ばず、一四メートル特型運貨船としている。もっとも前線の兵士は、このように面倒な呼び方をせず、陸軍と同様に大発としていた。

海軍の場合、ソロモンにおいてアメリカ軍との戦闘が激化すると島々の間の輸送に一〇〇隻以上の大発が使われることになる。

さらに港がなく輸送船が着岸できない海岸では、船と陸地を結ぶフェリーの役を果たしている。また十数隻の大発が船団を組んで航行するときには、陸軍と同様に武装大発が護衛を担当する。

とくに一九四三年の秋以降になると、アメリカ海軍の魚雷艇が頻繁に船団を攻撃しはじめ、どうしてもエスコートが必要となった。

武装大発の中には、陸軍から提供された三七ミリ対戦車砲を装備して、魚雷艇に対抗するタイプも造られている。

これらは機関室、操舵室などを鉄板で覆い、防御力を増していた。魚雷艇は大発との戦闘において、二〇ミリ機関砲しか攻撃手段を持たず、武装大発はそれなりに護衛の役割を果たすことができた。

海軍がどれだけの数の運貨艇を使用したのかはっきりしないが、内地で用いたものを含めると少なくとも五〇〇隻以上であったと推測される。

さて戦争が終わっても、大発は国内の港で休むことなく働き続けた。繰り返すが、性能はともかく頑丈で信頼性に富み、大きさも手ごろなのである。

昭和四〇年頃まで、その姿は全国のどこでも見ることが出来た。貨物輸送だけではなく、北海道では漁船としても使われている。

さすがにその後は徐々に廃棄、あるいは解体されるが、それでもなお多くは使われ続ける。

エンジンを取り外し、土砂運搬用の艀《はしけ》、浮桟橋などに転用されたのであった。

このように陸軍が開発した大発動艇は、兵器、そして民間船として半世紀にわたり日本という国に大きな貢献を成し遂げている。

これこそ姿を消した日本軍という組織が生み出した、もっとも有用な兵器であったと言えるのではあるまいか。

パワーアップの見事な成功
――スーパーマリン・スピットファイア戦闘機

どのような兵器でも登場してからある程度の期間が過ぎると、どうしても改良が必要になる。

もちろんこれには例外もあり、例えばアメリカが一九二〇年代の終わりに開発したブローニングM２重機関銃は、九〇年以上にわたってほとんど変わることなく今だに現役である。

ただしこの兵器など例外中の例外で、大部分はデビュー直後から性能向上を目的に改良、あるいは改修される。

ここでは近代戦の要である戦闘機、それも第二次世界大戦の主力機について話を進めたい。

日本の場合、太平洋戦争の全期間にわたり、

陸軍では中島一式戦キ－四三隼　五八〇〇機製造

海軍では三菱A6M零式　一万六〇〇〇機製造

が戦争のほとんどの期間を通じて戦い続けている。

もちろん戦争の激化、兵器の進歩によって、後継機が誕生した。

陸軍　二式戦鍾馗、三式戦飛燕、四式戦疾風、五式戦（愛称なし）など合わせて約六〇〇〇機　合計　約一万二〇〇〇機

海軍　紫電、紫電改、雷電など二〇〇〇機　合計　約一万四〇〇〇機

といったところである。

これらの数字から読み取れることは、ともかく陸軍の隼、海軍の零戦が開戦から終戦まで戦闘機の中心戦力として使われ続けたという事実であろう。

ここからようやく本題に入る。

まず一式戦隼だが、戦局の推移とともにどれだけの性能向上、パワーアップが行なわれたのであろうか。本機には一型、二型、三型が存在するが、小さな改良を除くとエンジンの出力増加といった大きな改良は全くなされていない。

エンジンは最初から一一三〇馬力で、プロペラが二翼から三翼に変更されたくらい

である。したがって最大時速が三〇キロ程度速くなってはいるが、ともかくアメリカ、イギリスの一五〇〇〜二〇〇〇馬力級の戦闘機が登場すると、旋回性能以外では全く太刀打ちできない状況になってしまった。

一方、海軍の零戦に関しては、少し事情がことなる。初期に活躍した一一型、二一型などは基本的には隼と同じエンジンを装備していながら、出力は九四〇馬力に過ぎなかった。そのため数年後に出力が増えたものの一一三〇馬力に過ぎない。これでは武装、装甲などの強化による重量増加によって総合性能はほとんど変わっていない。

そのため劣勢は免れないとして、最終的に新型の金星一五六〇馬力エンジン装備の五四型／六四型が造られたが、試作機が少数完成した段階で終わっている。

このタイプが少なくとも戦争の中期に登場していれば、間違いなくそれなりの活躍を見せたに違いない。

このように隼、零戦は登場してしばらくの間はともに優秀な戦闘機であったにもかかわらず、パワーアップとそれによる飛躍的な性能向上とは無縁のまま終わってしまった。

これも結局は大日本帝国の力不足を示しているのではあるまいか。

それでは逆に、見事なまでに性能を向上させ、緒戦から終戦、いやそのあとも活躍

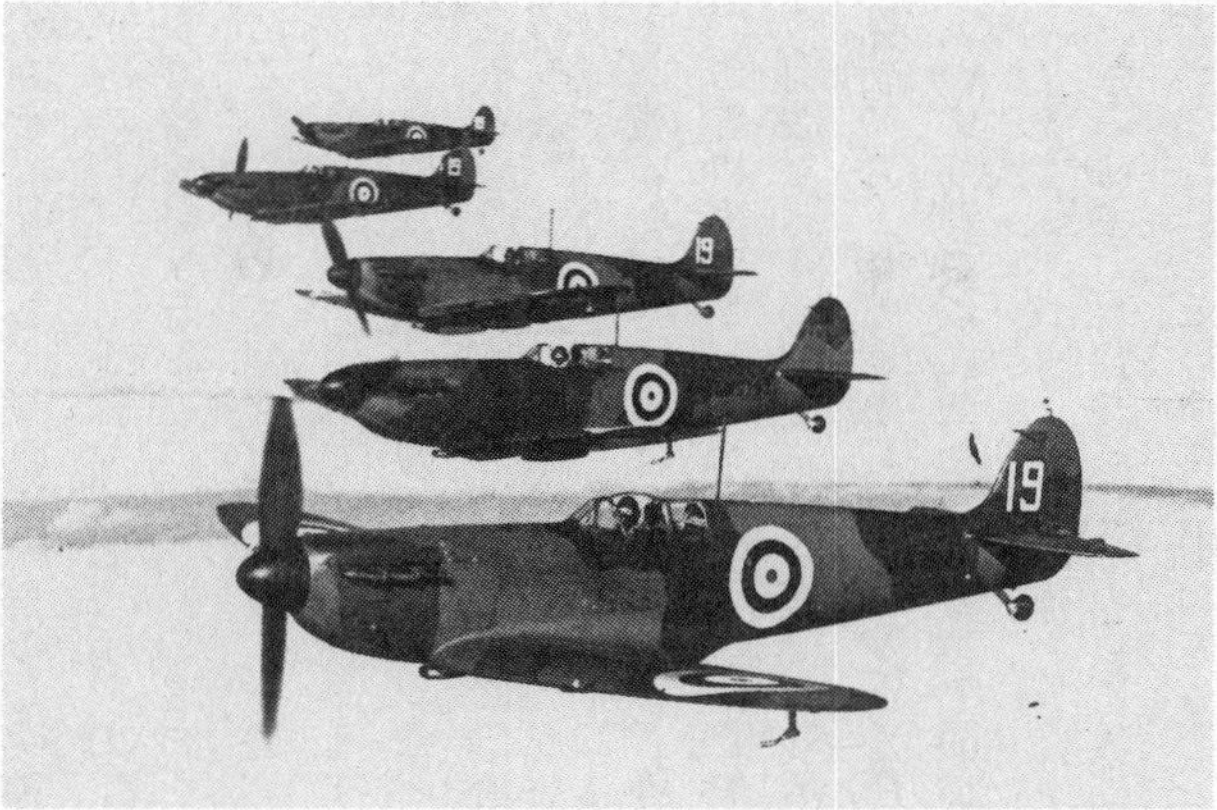

スピットファイア Mk1

した戦闘機を見ていこう。

その実例が英国空軍RAFのスーパーマリン・スピットファイアである。

零戦、隼と違って液冷エンジンを装備し、美しい楕円形の主翼を有するこの戦闘機は、実質的に大英帝国の大空の守護神であった。

原型はK5054という試作番号を持ち、一九三六年三月に初飛行している。

エンジン出力は九五〇馬力、プロペラは二翼となっている。ヨーロッパに戦雲が近づくとすぐに量産が決定され、この1型Mk1、5型Mk5は一〇五〇馬力、三翼ペラとなった。一九四〇年の初夏から秋にかけてのドイツ空軍ルフトバッフェとの戦い、いわゆる英国の戦いであるバトル・オブ・ブリテンでは来襲するドイツ機の大編隊と死闘を繰り返し、ついに勝利の立役者となった。

その後、ドイツはすぐさま新鋭のフォッケウルフFw190を送り込んで、スピットに脅威を与える。

これに対してMk9が登場するが、これは一五一〇馬力四枚ペラである。

さらにスピットファイアのパワーアップは続き、Mk14シリーズが量産される。

これは二〇四〇馬力、五枚ペラで、最高時速は七〇〇キロを超え、世界最高速の戦闘機となる。初期型と比べて実に二倍の出力を持つエンジンを搭載しているので、高性能も当然ということになろう。

前述の隼、零戦とは全く異なり、性能向上の見事な成功例であった。

この事実もあってスピットファイアは、戦争の全期間を通してイギリス空軍の主力戦闘機であり続けた。後継機であるホーカー・タイフーン、テンペストが戦場に姿を見せても、数の上からはスピットが圧倒的であった。

つまりこの点に関しては零戦と同様であるが、性能という面からは格段に上回っていたのであった。

さらに主力戦闘機としての製造数にも大差がある。隼、零戦に関してはすでに述べているが、スピットのそれはなんと三万機！　零戦と隼を足し合わせた数の二倍なの

パワーアップされたスピットファイア戦闘機。プロペラのブレードの数がそれを裏付けている(RCG)

である。性能向上に加えてこの数の差は、まさに圧倒的であった。

ここでちょっと疑問を感じざるを得ないのは、当時のイギリスと日本の国力の違いである。同じように大陸の近くに位置する島国で、植民地、同じ宗主国などを除けば、人口はともに八〇〇〇万人程度であった。

しかし話を航空工業に絞れば、大型の四発爆撃機アブロ・ランカスター、ショート・スターリングなど合わせて一万五〇〇〇機、主力戦闘機を三万機製造したイギリスと、少数の飛行艇以外に四発機を造れなかった日本、さらに零戦、隼のパワーアップもできずに終わった日本。

同数の人口でありながら、この違いは

どうしたことであろうか。結局、それは広義の国力の差以外の何ものでもなかった。

しかし戦後に至り、多くの分野でイギリスを凌駕した日本。これをもって良しとすべきなのであろう。

その存在が勝敗を決めた

――レーダーシステムの運用

第二次大戦で枢軸側の中心を構成していた日独伊の軍隊が敗北した最大の理由を、レーダーの有無、あるいはその性能の差に求める研究者、戦史マニアは多い。勝利した側から見ると、レーダーがあったからこそ、勝ったと言える戦いはたしかに存在した。

このような状況を、実戦と照らし合わせて見ていこう。

一九三〇年代の終わりから実用化が進んだこの兵器システムだが、この呼び方は、「電波による探知と距離の測定」(radio detecting and ranging)という英文の略称である。現在では軍事だけではなく気象情報、環境の監視にも利用されレーダーという言葉は自然に使われている。

バトル・オブ・ブリテンで戦うハリケーンとBf109。レーダーが威力をもっとも発揮した(RCG)

この機器は発振器、アンテナ、受信機からなり、飛行機、雲、また鳥なども細かく観測できる。

それでは早速、明確にレーダーの有無が勝敗を決めた戦闘を紹介する。

。イギリス本土攻防戦　バトル・オブ・ブリテン

一九四〇年の初夏から秋にかけて、ドイツ空軍／ルフトバッフェは、全力を投入してイギリス本土の壊滅を目指す。

これに対して当然、イギリス空軍RAFは、必死に祖国を守ろうとする。

連日、フランス本土、デンマークなどから戦闘機に護衛された爆撃機の大編隊が、首都ロンドン、航空基地、港湾に来襲した。

現在もイギリスに残る当時の鉄塔

イギリス側は数少ない戦闘機を駆使して、迎撃する。

ここで大活躍したのが、ＣＨ、ＣＨＬ型と呼ばれ、沿岸に設置された最新型のレーダーであった。接近してくるドイツ機の方向、高度、数などを早くから探知し、管制所はその編隊に向けてハリケーン、スピットファイアといった戦闘機を迎撃に送り出した。

さらにこのレーダーシステムと地上の対空監視所をうまく連携させ、数的にはずっと不利な戦闘機を効率よく運用する。

その結果、約半年に及んだ航空戦において二〇〇〇機近いドイツ機を撃墜、自軍の損害は一七〇〇機である。搭乗員の犠牲は二五〇〇名と一五〇〇名であった。この数字だけ見ると大差がないように感じられるが、実際にはドイツ側の七割は双発爆撃機であり、イギリス側は単発の戦闘機だから、物量としての損害率は三対一で、最後にはこれに耐えかねドイツ空軍は敗れ去ったのである。

もしイギリス側にレーダーがなければ、本土上空でドイツ機の跳梁を許し、航空基地、工場、主要な都市、港湾が徹底的に破壊され、その結果この時点でイギリスは戦争に敗れたかもしれなかった。この国のレーダーの実用化は一九三九年春で、祖国の存亡の瀬戸際で何とか間に合ったのであった。

。ソロモン海における日本海軍駆逐艦部隊の惨敗

太平洋戦争におけるアメリカ軍の大規模反攻は、一九四二年八月のガダルカナル島占領からである。この四国ほどの島を巡る日米海軍の死闘は、翌年の一月まで続く。ガ島周辺海域では、両海軍の水上艦同士の戦いが何度となく繰り返され、互いに大きな戦果と損害が記録されている。

この戦域の海戦は戦史史上にも珍しくすべて夜間戦闘で、至近距離から魚雷と艦載砲を射ち合い、壮絶な様相を呈した。

この種の戦いで日本海軍の駆逐艦隊が圧勝したのは、一九四二年一一月末のルンガ沖夜戦である。日本側の八隻が、アメリカ側の巡洋艦五隻、駆逐艦六隻と戦い、自軍

は一隻の損害だけで、巡洋艦三隻に大損害を与えている。

　この戦闘の後、アメリカ海軍首脳は水上艦艇の不足（とくに駆逐艦に関して）を真剣に懸念したほどであった。しかしこのような状況は翌年の夏以降、一変する。

　まず一九四三年八月のベラ湾海戦である。日本側四隻、アメリカ側六隻の駆逐艦がこれまた夜間に戦ったが、四隻中三隻が撃沈され、アメリカ軍に損害はなかった。さらに一一月、日本側五隻、アメリカ側同数の駆逐艦同士が、セントジョージ岬沖で交戦したが、これまた夜戦である。

　ここでも日本側は三隻を喪失、アメリカ軍は損害なし！

　まさにどちらの戦闘でも日本海軍の惨敗であった。しかも日本の駆逐艦はそれまでにいずれも何回か実戦を経験している。にもかかわらず一矢も報いることが出来ずに終わっている。

　ベテランの乗組員がいかに努力したところで、敵艦を全く発見できないまま砲弾と魚雷の命中を受けてしまうのである。なにしろ自分の乗っている軍艦が損害を受けて、初めて敵の攻撃を知ると言った事態さえたびたび起こっている。

　これこそアメリカ海軍が装備を急いだ、ＳＣレーダーとその改良型のＳＧレーダーの威力であった。この二つのシステムは、配備後何度か初期故障を経験している。またスクリーンに目標を発見しても、それが敵艦なのか、島影なのかわからないといった場合も珍しくなかった。しかし数か月たつとそれは改良され、担当する兵士も機器の取り扱いに熟達する。

こうなるとレーダーを持たない日本側は、例え兵力とし均衡していても全く歯が立たず、これこそこの新兵器の威力というしかない。

さらにアメリカ海軍は、高性能のレーダーシステムをすべての艦艇に配備し、常に先手を打って日本軍に対する攻勢を強めるのであった。

このような状況もあって、日本海軍が対等に戦うことが出来たのも、せいぜい開戦後の一年間で、その後は常に敗北を繰り返すことになる。

◦米英のレーダーの優秀性が勝利に直結　北岬沖海戦

これまでレーダーの有無が、戦闘の勝敗を決定付けた場合について話を進めてきたが、ここからは一歩進めて大戦時の米英のレーダー技術が、日独と比べていかに進歩していたかを述べておきたい。

ここに掲げる事実から、残念ながら物量の差を差し引いても、当然大日本帝国の軍隊が連合軍には勝てなかったことが理解できるはずである。

一九四三年一二月末、大荒れの北太平洋をイギリス発の援ソ船団が航行していた。

ドイツとの死闘の真っ最中のソ連に向けた軍需品を満載し、アルハンゲリスクに向かっている。

これを知ったドイツ海軍は、強力な巡洋戦艦シャルンホルストを出動させ、この船団の撃滅を図った。一方、コンボイのエスコートを受け持っていたイギリス戦艦デューク・オブ・ヨークはすぐに前方に進出し、戦闘状態に入る。

二隻の戦艦の砲撃戦は二六日の夕刻に開始され、シャルンホルストの一一インチ砲とデューク・オブ・ヨークの一四インチ砲の咆哮が北の荒海の波頭の中で響き渡る。まもなくドイツ生まれの巡洋戦艦は中央部に命中弾を受け、短時間のうちに、速力が大きく低下してしまった。そのあと巡洋艦、駆逐艦の集中攻撃を受け、まもなく沈没に至る。ドイツ艦の乗組員の死亡一九三二名、イギリス側のそれは一一名に過ぎなかった。

一四インチ砲弾が命中時の状況は、次のとおりである。

北極に近い海域の一二月末であるから、すでに暗闇の中であった。海況は厳しく、大型艦でも動揺が激しい。シャルンホルストはそれでも三〇ノット（約五五キロ／時）の高速で走行中。互いの距離は約二〇キロ。

このような厳しい悪条件が重なっていながらデューク・オブ・ヨークはレーダーの

助けを受けた砲撃を実施し、見事に命中弾を得ている。太平洋の諸海戦を学ぶと、日本の戦艦、巡洋艦の砲撃の命中度は、例え条件が良くてもとても良好とは言えなかった。

スラバヤ沖、アッツ島沖の海戦などいずれも白昼、平穏な海況でありながら、数百発に一発といった程度である。

もはや海と空の戦いではレーダー無くして、戦闘の勝利も目的の達成も任務の成功もすべて不可能であることがわかろう。

日本はもちろん、ドイツであっても電波技術に関しては、アメリカ、イギリスに大きく立ち遅れており、この北岬沖の海戦でもシャルンホルストのレーダーは有効に作動したとは言い難い。

また日本海軍の艦艇も状況はドイツ海軍より遅れていた。

レーダーという敵に直接打撃を与えることのない兵器であっても、その重要度は大砲、魚雷などを上回っていたのであった。

勝利に寄与した思いもよらない二つの兵器
——小型軍用車両と輸送機

第二次大戦時の連合軍は、大きく二つに分類される。
まずアメリカ、イギリス、カナダなどからなる西側連合軍
ソ連を中心とする東側連合軍
前者は五〇〇万名、後者は四〇〇〇万名の兵員を有していた。
そして西側連合軍の最高司令官はドワイト・D・アイゼンハワー元帥で、彼はのちに第三四代アメリカ大統領に就任する。
アイゼンハワーは回顧録で、第二次大戦を勝利に導いた要因として三種の兵器を掲げている。
最初に来るのは原子爆弾で、これは当時にあってアメリカ以外のいかなる国も保有

していない無敵の兵器であるから、当然であろう。

その次に挙げられるのは、わが国の大和級を凌ぐ新鋭戦艦アイオワ級、最高の性能を持ち日本の工業と都市を壊滅させたB－29爆撃機、そしてなんと五万台も生産されたM4シャーマン戦車などが考えられる。しかし実際には全く違った、ある面では〝強力〟という言葉とは無縁の兵器であった。

ここでは以下の二つの軍需関連品を取り上げるが、どちらも威力が数字に表わしにくいものである。

。小型四輪駆動車ジープ

すでに広く知られているように、一九四二年からヨーロッパ、アジアの両戦役で頻繁に姿を見せ始めたのが、ジープと呼ばれる小型の軍用車両である。極めて頑丈に造られ、また簡単な構造で、いかにも量産向きである。

五〇馬力のエンジンを装備し、四輪駆動であるから高い不整地踏破能力を持つ。しかも大変運転し易いこともあり、アメリカ軍はもちろん西側連合軍で広く重用された。

用途はまず連絡、偵察、軽輸送から始まり、機関銃を装備して攻撃、また助手席をつぶして担架を置き救急用、貨物トレーラーの牽引と大活躍する。このこともあって、大戦中だけを見てもその生産数は実に六四万台に達した。

典型的なローフード型ウィリス・ジープ

アイゼンハワーはその著書の中で、これほど役に立った兵器はない、とまで絶賛しているのである。

たしかに枢軸側にも、この種の汎用小型自動車が存在した。

ドイツ軍　キューベルワーゲン　二四馬力エンジン　五・二万台製造

日本軍　くろがね四起　二五馬力エンジン　五五〇〇台

それにしても生産数のあまりの違いに驚かされる。さらにエンジンの出力は半分、しかもキューベルワーゲンは二輪駆動で、どちらも踏破性能で大きく劣る。

このような状況から最高司令官は、この本来は非武装の小型輸送車両を、戦争の勝利への要諦として選んだのであろう。これこそ軍事史上もっとも成功したビークルと呼べるのではあるまいか。

また実用一点張りとして設計、量産、実用されたジープだが、見方によっては設計者も意識していない車両自身の〝美しさ〟を持っているようである。現在でも、七〇年以上前に量産された本車の愛好者は世界中に存在する。

さらにこのある種の美しさについては、見事に証明されている、なぜならニューヨークにある世界最高の近代美術館に、初期型のジープが、実用品の美しさの頂点として展示されているのであるから。

その後、第二次大戦型のジープは朝鮮戦争などで大量に使用されたが、次の大規模紛争のベトナム戦争では、より小型のＭ１５１系のジープ（マイティマウスなど）が登場した。

そしてまた一九九〇年代に入ると、アメリカ陸軍は万能小型車に関する方針を変更し、ＨＭＭＷＶ（高機動多用途装輪車両）というなんともわかりにくい名称の車両の大量生産に着手する。これが次世代のジープとも言い得るハンビーであった。

すでに二〇万台を超える製造が行なわれているハンビーだが、その用途はジープと全く変わらない。このことから、やはりアイゼンハワー元帥の言葉の正しかったことが理解できるのであった。

。ダグラスＣ－47ダコタ　双発輸送機

最高司令官が掲げた次の勝利への貢献は、これまた非武装で性能的には平凡なダグラスＣ－47ダコタ輸送機である。一二〇〇馬力エンジンの双発機で、これといった特徴、長所は見られない。なお本機のダコタという名称であるが、初期には供与されたイギリス側の呼び名であったが、のちに、生まれたアメリカでも使われている。同国による制式名はスカイトレインだが、こちらはあまり馴染みがないようである。

もともと四〇人乗りの旅客機ダグラスＤＣ－３として開発されているが、信頼性が高かったことから軍用輸送機として大量に製造されている。

それではなぜダコタが連合軍の勝利に大きく貢献したのか、考えてみよう。

先ほどの信頼性に加えて、製造が容易ということもあり、実に一万四〇〇〇機が造られた。またこれ以外に三〇〇〇機の民間型も生まれている。

ジープの場合と同様に、以下枢軸側の同級機と比較する。

日本軍　ＤＣ－３を国産化した零式輸送機、爆撃機改造輸送機など、双発中型輸送機を陸海軍あわせて一七〇〇機

ドイツ軍　ユンカースＪｕ－52三発輸送機　四八〇〇機

このようにともかくアメリカの航空機製造能力は、枢軸側の日本、ドイツを合わせ

1万4000機も製造されたダグラスC-47スカイトレイン

たものより格段に大きく、これがダコタを存分に活躍させた最大の理由であろう。

ただそれだけではなく、もうひとつ本機の成功を裏付ける事実があった。

それは軍用型にのみ設定された大きな貨物用のドアである。

これは当時の航空機としては最大級で、長さ四・一、高さ二・二メートルという巨大な観音開きとなっている。

ダコタはこのドアを利用して最大四トンという大量の貨物を搭載したが、なかでも次の二つの荷物はアメリカ、イギリス軍の作戦遂行に最大限貢献している。その一つは、前述のジープである。C–47はこの車両を二台同時に積むことが出来た。逆に日本軍の輸送機のいずれも、ジープよりかなり小さな軍用車くろがね四起を載せることが出来なかったのであった。

またもう一つの重要な貨物は、アメリカの軍隊が共通化して使っていた大型のガソリン駆動発電機である。出力数一〇キロワットの発電機（たとえば汎用型10ＫＷ機）は、前線のすぐ後ろで使用する重要な機器で、照明、通信、修理、医療などに欠かせない。このタイプは専用のトレーラーに載っており、地上ではジープによる牽引、移動が可能であった。

この10ＫＷ型とダコタの組み合わせは、アメリカ軍が効率よく戦うための必須の機器であった。

このような状況を知ると、この種の兵站システムを全く持たず、さらに気付きもせずに、日本陸軍は良く戦い続けたものだという皮肉な感動も浮かんでくる。

ここでも強力な兵器ではなく、ごくごく平凡な軍需製品を高く評価したアメリカ最高司令官の慧眼に感心するばかりなのである。

勝利に導く電波兵器
——対空火器のマジックヒューズ

第二次大戦中に最大の成功を収めた兵器システムは、間違いなく電波探知機、いわゆるレーダーである。この言葉はすでに一般的に使われていて、電波探知機などと呼ぶ人は皆無に近い。

電波を発信して、それが目標に当たり戻ってくるまでの時間、強さなどから敵を探知する。

このシステムは、大戦初期の英国の戦い、バトル・オブ・ブリテンでその性能を十分に発揮しイギリスを救い、ドイツ空軍の野望を打ち砕いた。

その他、南太平洋を巡る日米海軍の激戦においても、それを使用する側に圧倒的な勝利をもたらしたのであった。

本項ではレーダーほどではないが、やはり戦闘を勝利に導いた、同じ電波兵器を取り上げる。

これを戦争中に実用化したのはアメリカ軍のみで、高い技術力を誇ったドイツでも開発、実用化、配備は出来ないままであった。

この兵器とは、高射砲などの大型対空火器の砲弾に仕組まれた信管である。

近接信管　PROXIMITY　FUZE

マジック（魔法）の信管　MAGIC FUZE

可変信管（ＶＴ信管）　VARIABLE TIME FUZE

などと呼ばれたが、ここでは最も一般的なＶＴ信管と表現する。

大戦が勃発すると、どこの国の軍隊でも、対空砲の敵機に対する命中率の低さに悩まされた。

たしかに高射砲の性能は二十数年前の第一次大戦の時と大差はなかったが、航空機のそれは格段に向上していたから、これは当然であった。

大型機が水平飛行を続けていても、高射砲弾はあまり効果を発揮できないばかりか対空部隊がいくら訓練を重ねても、それは変わらなかった。

高射砲弾を発射するには、一発ごとに爆発の高度を決定し、それを砲弾の装置に設定しなくてはならない。

これはあまり知られていないが、実際にはどのように行なわれるのだろうか。

一般的には砲弾の後ろの部分に、目盛と針が付いていて、それを爆発高度ごとにセットする。たとえば敵機が五〇〇〇メートルの高度を飛行していると判定されれば、針を動かし〝五〟に固定する。こうして五〇〇〇メートルで爆発、半径一五メートル前後に存在する敵機を撃破、墜落に至らしめるのである。

しかしその前に敵機が高度を変えたとしても、砲弾はそれに追尾することなく、設定された高度で爆発するだけなのである。

これではかなり多数の高射砲を用意して弾幕を展開しない限り、撃墜するどころか損傷を与えることも難しい。

ともかく砲弾は自分で判断することは全くないのである。

これは世界各国のすべての対空砲について、同様であった。

そこでアメリカの軍事技術者とジョンズ・ホプキンス大学の研究者たちは、一九二五年ごろから革新的な研究に取り組み、新しいシステムを開発、数年後には特許を取得している。

海軍はそれをすぐさま実用化へ繋げ、四一年初頭から新型の高射砲弾の製造が開始された。そして多くの困難を乗り越え翌年から配備に乗り出すのであった。

　これがVT信管で、次のような仕組みになっていた。

　爆薬とともに、回路、センサー、電池が内蔵され、発射と同時に電流が流れる。そして飛翔中は定常的な状態を維持するが、物体に近づくにつれ、ドップラー効果で電圧が上昇、それをセンサーが探知し、爆発するというシステムであった。この有効半径は一五メートルで、砲弾の威力は通常弾と変わらない。

VT信管付きの砲弾を使用した米海軍の5インチ高角砲

　しかし事前の高度の設定は不要で、敵機に接近すれば自動的に爆発するという、まさに画期的な技術であった。
　このことから同じ対空火器を使用した場合でも、単位時間当たりの発射弾数は大きく向上する。
　VT信管付きの砲弾は、一九四二年の秋から第一ロットとして五インチ（一二七ミリ）高角砲用として大量生産が始まった。

そして一二月、戦闘の続く南太平洋ガダルカナル戦域の、海軍艦艇に供給される。最初の戦果は、翌年一月、軽巡洋艦ヘレナによって記録された。同艦の五インチ砲が、接近してきた日本海軍の九九式艦上爆撃機を撃墜したのである。

このあと少しずつそれぞれの艦艇に配られ、海軍の守り神となった。

とくに一九四四年六月の、マリアナ沖海戦においては、かなりの数の日本機を撃墜している。

ところでVT信管付き砲弾の命中率は、通常弾と比べてどの程度向上したのだろうか。アメリカ側の資料でも、幾つかの数値が挙げられていて、確定的なことは言えないが、その一部を記しておく。

来襲した日本機一機を撃墜するのに要する砲弾の数は、通常弾では二七〇〇発、VT砲弾では四〇〇発。つまり七倍近いという驚異的な数字となる。

しかしこれはごくごく条件に恵まれた場合で、たとえば敵機の攻撃が水平爆撃、しかも白昼、晴天、無風といった時であろう。

急降下爆撃、低空攻撃に対してその約四倍と言われている。それでも前述のごとく単位時間あたりに発射回数も高くなっているから、総合的な効果は極めて効果的と言

マリアナ沖海戦で撃墜される日本機

えるだろう。

一九四四年の秋から開始された日本軍による体当たり攻撃の阻止にも、充分その役割を果たしたのであった。

それにしてもVT信管を開発、実用化したのは世界を見回しても、アメリカ軍だけで、日本軍はもちろんドイツ軍も全く配備できなかった。

もしドイツが早くからこれを保有していたら、アメリカ、イギリス軍によるドイツ本土への戦略爆撃は不可能になったと思われる。

この爆撃は、英米ともに四発の大型爆撃機（アメリカ軍はB－17、同24　イギリス軍はランカスターなど）を用い、大編隊を組んでの水平爆撃となっている。

このような戦闘であれば、ＶＴ信管付き砲弾が最大に能力を発揮できる状況であるから、爆撃する側の損害が大きく拡大するはずであった。

この可能性を知っていたアメリカ軍は、この砲弾のシステムに関して、厳しい制限を課していた。

例えば海上にいる艦艇は、陸側に位置する敵機を発見してもＶＴ信管付き砲弾を発射することは固く禁じられていた。万一、不発弾が日本側の手に入ると、この仕組みが解明され、すぐに同じ砲弾が開発されることを恐れたのであった。

残念ながらこの分野に関しても、日本軍、日本の技術は大きく立ち遅れており、それが戦争の後半、日本軍の惨敗に結び付いたのであった。

戦争の勝敗は、たんに物量に拠るばかりではない事実を、我々に教えているのである。

急造兵器の思わぬ効果
——日本陸軍の噴進砲

第二次大戦時の日本海軍は、高性能の遠距離用大型魚雷、初めて二〇ミリ砲を搭載した零戦、最大の戦艦大和クラスを開発し、兵器の世界にそれなりの水準を見せつけている。

一方、陸軍は、というとどう見てもなかなか卓越した兵器と技術を見つけることが出来ない。

軍用機は一部の偵察機を除くとあらゆる面で平凡であり、戦闘車両、例えば戦車では、米、英、独、ソ連のそれらと比べてかなり低性能、言葉はよくないが〝貧弱〟のひと言であった。

いろいろ資料を読み込んでも、陸軍には世界的に見て高く評価されるべき兵器は皆無であった、と断言してもおかしくなかろう。

そのようななかで、ほとんど唯一の例外と思われるものが、戦争の末期に登場した噴進砲である。噴進とは聞き慣れない言葉であるが、英語を忌み嫌った陸軍独特の表現で、地対地の戦闘に投入されるロケット砲のことである。

似たような兵器を、海軍では英語の使用を気にせずロケット砲と呼んでいる。

昭和一九年、戦局が押し迫った頃、陸軍は四式二〇センチ噴進砲という兵器を試作、すぐに量産に移す。

これは直径二〇センチ、重量八四キロのかなり大きな砲弾にロケット推進薬を取り付け、長さ二メートルの簡単な金属のパイプから発射する。

また場合によっては、木材を組み合わせた架台から撃ちだすことが出来た。

ともかく単純な構造で、照準器も角度のみを頼りにした初歩的なものにすぎなかった。大体、現在と違って砲弾の誘導など夢物語で、散布界は極めて大きく、固定目標への命中など、初めから考慮されていなかった。

また大口径の火砲とも異なって射程は短く、この噴進砲では最大でもわずか三キロといったところであった。

欧米の軍隊でもロケット砲弾はごく普通に運用されていたが、二・七五インチ型

日本軍の20センチロケット砲の発射実験

（直径七センチ、重量は六キロ）のものが大多数を占める。

したがって威力として、日本陸軍の二〇センチ、八四キロは格段に大きい。

その反面、二・七五インチ型の射程は六キロと二倍であった。

まとめとして二〇センチ噴進砲とその砲弾は

。簡単な発射器から発射可能であり、威力は大きい

。ただし命中精度は期待できず、射程は極めて短い

という兵器であった。

それでも日本陸軍は比較的量産向きでもあり、昭和一九年のはじめから大量に製造、部隊への配備を進めた。

このようにあまり実戦で役に立つとは思えない四式噴進砲だが、適材適所を得て、思いもかけない戦果を記録する。

それは東京を南に下ること約一〇〇〇キロの小島、硫黄島の戦いであった。二万名の日本軍が守るこの島に、一一万名からなるアメリカ海兵隊が来襲したのは昭和二〇年二月のことで、それ以後激戦が三月末まで続く。

空母、戦艦、巡洋艦、砲艦などの強大な支援があるだけに、戦闘の結末は誰の目にも明らかであった。しかし守備隊は洞窟陣地を頼りに猛烈な反撃を行ない、上陸してきた海兵隊に甚大な人的損害を強要する。

このさいにもっとも効果的であったのは、七〇門が配備された二〇センチ噴進砲であった。一門あたり五〇発の砲弾が用意され、合わせて三五〇〇発が上陸地点に降り注いだ。

アメリカ軍は広く浜辺に取りついている状況であったから、日本軍としては個々の目標を砲撃する必要はなく、面への砲撃、いわゆる面圧射撃として攻撃すればよかった。

もちろん硫黄島は面積二四平方キロと小さいから、射程の短さは問題にならなかった。

硫黄島に上陸する米第４海兵師団

　このため先の表現のごとく、噴進砲にとって短所は現われず、まさに前述のように適材適所を絵にかいたような威力を発揮した。

　浜辺に上陸したアメリカ軍は塹壕を掘ることも出来ず、大口径砲弾をまともに浴びる結果とならざるを得なかったのである。

　この戦闘でアメリカ軍は二万六〇〇〇名を上回る死傷者を出すが、多分この三〇パーセント前後は噴進砲によるものであったと推測される。

　戦史の中にも、降り注ぐ日本軍の砲弾により被害が続出という記述も見える。

　急造の兵器が、思いもよらぬ活躍をした稀有な例ということが出来よう。

　また海軍の陸戦隊（陸上部隊）も、重巡

洋艦用の八インチ（二〇センチ）砲弾を流用した二〇センチロケット砲を開発し、沖縄の戦闘のさい使用している。

さらに陸軍は四式四〇センチ噴進砲も開発している。これはより大きな威力を持ってはいるが、こちらは数も少なく実戦でどのように使われたのか、充分な資料は残っていない。だいたい、陸軍がなぜ直径四〇センチという大きな砲弾を所有していたのか、このあたりがはっきりしないのである。

それはともかく四式二〇センチ噴進砲のシステムは、戦争の後半において敗退を続けた日本陸軍にあって、ほとんど唯一と言えるほどの活躍を見せ、アメリカ軍に一矢を報いた兵器だったのである。

現在、この砲弾と発射機はアメリカ、日本のいくつかの博物館に展示されており、実際に目にすることが出来る。

航空史上もっとも成功した軍用機
——イリューシンIℓ‐2シュトルモビーク

約一〇〇年にわたる軍用機の歴史のうちで、もっとも成功したと評価できる航空機はなんだろう。

先の大戦において、大日本帝国の息の根を止めたB‐29大型爆撃機などいくつかの候補が挙げられるが、その筆頭とされるのが今回紹介する、イリューシンIℓ‐2シュトルモビーク襲撃機である。

一九四一年春に勃発したドイツとソ連の戦争（独ソ戦）で、無類の活躍を見せ、ソ連を最終的な勝利へと導いた。

第二次大戦は一九三九年九月から始まっているが、大英帝国の攻略に失敗したナチス・ドイツは、矛先を東のソ連に向け攻勢を開始する。

スターリン率いるソ連／赤軍は必死に反撃するが、戦闘経験を積んだドイツ軍に圧倒され、退却を続け、首都モスクワさえ危ない状況に追い込まれた。

このような時に登場したIℓ－2は、ドイツの先鋒たる戦車軍団を徹底的に叩き、赤軍反撃の糸口を作ったのであった。

それにしてもソ連国内の戦場と航空戦の状況は、アメリカ、イギリス対ドイツのそれとは大きく違っている。

西側連合軍との戦いは、言ってみればイギリス、ドイツ国内への互いの戦略爆撃とその防衛である。とくに大型爆撃機の大編隊が高空からドイツの工業地帯を襲い、ドイツの戦闘機がそれを阻止すべく敢闘するといった形であった。

ところが独ソ戦では全く異なり、大平原における互いの地上部隊の撃滅戦闘で、もちろんスターリングラード、ハリコフ（現ハルキウ）といった都市の争奪をめぐる戦闘もあるにはあったが、基本的には戦車、歩兵、砲兵部隊に対する叩き合い、消耗戦なのである。したがって交戦するさいの高度は、高くても三〇〇〇メートル以下、大部分の場合では一〇〇〇メートル前後と言われている。

このような戦いでは、アメリカのB－17、イギリスのランカスターといった四発の

現在も飛行可能なイリューシンIℓ2シュトルモビーク

爆撃機など登場せず、戦闘機、地上攻撃機の大軍が味方の地上部隊の支援、敵の部隊への攻撃に従事する。

このような中、セルゲイ・イリューシンと彼の設計陣が送り出したのは、地上襲撃を専門とするIℓ－2であった。シュトルモビークとは直訳すれば、〝嵐の男〟ということになろうが、これを転じて襲撃機を意味する。

本機は単発ながら総重量六トン（零戦の三倍）とかなり重く、一三〇〇馬力、のちには一六〇〇馬力の強力なエンジンを装備していながら、高空性能、運動性のいずれも高いとは言い難い。

その反面、強力な対地攻撃兵器を持ち、きわめて抗堪《こうたん》性に富んだ航空機であった。

これこそ設計者イリューシンの目指したものと言える。

まず攻撃力であるが、二〇ミリ機関砲二門、七・六二ミリ機関銃二梃、加えて四～八発のロケット弾であった。地上のドイツ軍部隊を発見すると、数機のシュトルモビークが一組となり、輪を描きながら機関砲、ロケット弾で掃射する。

さらに搭載している火器を使い尽くすと、無線で友軍機をこの戦場に呼び寄せ、全滅するまで攻撃を続ける。この戦術は極めて効果的で、ドイツ兵たちは死の舞踏、あるいは黒死病といって恐れたと伝えられている。

またもう一つのＩℓ－２の特徴は、すべてのこの種の航空機のなかで際立っていた抗堪性、つまり打たれ強さにあった。主要な部分は装甲板で覆われており、その重量だけで実に六〇〇キロ。つまり総重量の一〇パーセントがこれに費やされている。また操縦席に使われている防弾ガラスの厚みは、写真のごとく七センチもあった。これらの防弾設備は、現在でも博物館に展示されている機体を見れば、誰でも確認できる。

超低空で地上攻撃を実施すれば、必ず対空砲の反撃を受ける。これを考慮してあくまでも抗堪性、生存性を優先している。また最大時速は四〇〇キロと決して高速ではなかったが、ドイツ戦闘機に襲われても、このシステムのおかげで生き残ることができた。

シュトルモビーク操縦席の防弾ガラス。厚さは7センチ

これらの理由から本機は、赤軍の最重要軍用機として大量生産が行なわれた。

首相スターリンは、「シュトルモビークはわが軍にとって食料のパンと同様に重要なものである」と声明、製造に向けて発破をかけた。

これにより生産数は実に三万六〇〇〇機をはるかに超えている。

大戦中に大量生産が行なわれた軍用機としては、ドイツのメッサーシュミットBf109戦闘機が三万機、イギリスのスピットファイアが二万五〇〇〇機、日本の零戦の一万機などが知られているが、それらを大きく引き離している。

調べてみると、シュトルモビークは航空史上もっとも多く造られた軍用機だったと思われる。

このように情報を公にしないソ連という国家の状況から、これまであまり評価されていないこの国の軍用機だが、資料を見ると決して軽視するべきではないと思われる。あまり万能性を追わず、目的に沿った開発能力は欧米に決して劣るものではない。

前述のごとくソ連／ロシア機を実際に見ると、この事実を痛感するのであった。なお本機を設計したイリューシンは、これによりスターリンから同国の最高勲章である国家労働英雄という勲章を授与されているが、これも当然であろう。

シュトルモビークは現在、アメリカ、ロシアでフライアブルな機体がそれぞれ一機残されており、機会があれば飛行する姿を見ることができるのである。

さらに合わせて、ソ連のもう一つの優れた技術を紹介しておこう。

あまり知られていないが、これまた見事な成功例と言い得る。

大戦における同国の航空機メーカーには、ポリカルポフ、ヤコブレフ、ミグ、ラボーチキンといった会社があり、合わせて一〇万機を大きく超える戦闘機を製造している。この数は多分、日本はもちろんドイツ、イギリスよりもかなり多いはずである。

これだけでも少なからず驚異であるが、もう一つの事実はこのうちの八割が木製であるという事実である。機体の胴体、主翼といった部分が、木材、それも樹脂を浸み込ませた合成材、あるいは古い表現では強化木で成り立っている。

大戦中の航空機で木製の機体としては、イギリスのデハビランド社の傑作機モスキートが有名だが、ソ連はより多くの軍用機を木材で製造した。

日本以上に森林に囲まれたこの国で、この材料は無限である。

戦争中、わが国では航空機用の金属材料の不足に悩まされた。アルミニウム、その上質材ジュラルミン入手には本当に困り果てた。

それなら木製機を、と当然考えるべきだが、そこには日本の技術者、軍の用兵者の勉強不足が如実に露呈している。

最初に木製機などあまりに時代遅れで、高性能な機体などあり得ない、という考えである。これはあまりにも知識が欠落していたというしかない。

たしかに木材をそのまま使用することには問題があるが、イギリス、とくにソ連はこの面ではるかに柔軟な考えを持ち、また技術としても進歩していた。

先にも多少触れたが、木材に圧力をかけて樹脂を含ませ、極めて軽く強靭な素材を造る。さらに全く新しい、強度が数倍の接着剤（例えばエポキシ剤など）を開発する。

この二つを組み合わせた新しい技術があってこそ、木製の高性能軍用機が誕生するのであった。

残念ながらわが国は、この分野で大きく立ち遅れており、太平洋戦争中でも、木材を航空機材料として使用することなど思いもよらなかった。

軍事力というものは、たんに兵員数、兵器の質、そしてその数だけで決まるものではないという事実を我々に教えてくれているのであった。

また木製機の製造には、戦時に手が空いている多くの木工職人たちが係わり、それによってソ連戦闘機の製造数は急増した。

そのすべてを独ソ戦に投入可能であったから、戦争の中期以降、前線に投入できる機数はドイツ空軍の一に対して、ソ連側は少なくとも三、四倍に達していたのではあるまいか。しかも一九四四年頃から性能的にも決して引けをとらないまでに、改良されていた。能力が対等、数が数倍となれば、個々の戦闘の行方は自ずから明らかになろう。

そう考えると、木製戦闘機は最終的なソ連の勝利に偉大な貢献をしたと評価できる。これこそあまり知られていない成功の一例なのであった。

戦車撃破に貢献
――ドイツ軍の八八ミリ砲

一九三九年九月から四五年八月まで続いた第二次世界大戦。あわせて七〇ヵ国以上が参加したこの大戦争において、もっとも高く評価されるべき兵器はどのようなものであったのか。

大英帝国の息の根を止める寸前まで追い込んだドイツ海軍の潜水艦Uボート、崩壊寸前のソ連を救ったと言われる強力なT－34戦車、はたまた戦争の前半に太平洋狭しと活躍した日本海軍の零式戦闘機など、いくつも考えられる。

しかし一つに限って取り上げるとすると、当然、人によって見解は異なるが、著者はドイツが多くの戦場、バルト海から北アフリカで大いに活躍させた八八ミリ多用途砲を挙げたい。

合わせて実に一万門近い生産が行なわれたこの口径八八ミリの大型の火砲は、一九三〇年代のはじめに開発された。

そしてその目的はＦｌａｋという記号からもわかるとおり、対空砲、つまり高射砲であった。

この当時、各国の対空砲のほとんどは口径七五ミリで、最高射程は八〇〇〇メートル前後となっていた。しかし新たに開設された八八ミリは口径が大きく、強力な装薬から一万二〇〇〇メートルを得ている。

ドイツの技術者たちは、早晩航空機の性能の大幅な向上を見通しており、七五ミリでは威力不足と考えていた。

実際に使用されると対空用の八八ミリ砲は、大戦の後半ドイツ本国を襲うアメリカ軍のボーイングＢ－17、イギリスのアブロ・ランカスターといった大型の四発爆撃機に対し、極めて強力な兵器であった。

これらの爆撃機の高度は七〇〇〇メートル前後であったから、充分に対処可能であったのである。さらにこの砲の発射速度（射撃回数）は、一分あたり最高二〇発で、他の対空砲の一五発と比較してかなり速い。

このこともあって一九四四年一二月のある日、ドイツ、ブレーメン近郊に配備され

ドイツ軍の88ミリ高射砲

ていた四門の八八ミリ砲が、一日に五機のB－17爆撃機を撃墜している。

このように対空砲として開発された八八(ハチハチ　アハトアハト　ACHT ACHT)は、いったん戦争が始まると、全く別な思いもかけぬ用途に素晴らしい活躍を見せる。

初速が九〇〇メートル／秒と大きなことから、対戦車砲として使われるのである。

北アフリカのイギリス陸軍と対峙した折には、短時間のうちに二門のハチハチが一六台の戦車(マチルダなど)を破壊している。

それまでの対戦車砲の口径は三七、五〇、七五ミリで、これに比べて恐ろしいまでの威力を見せつけ、八八によって破壊できないイギリス戦車は存在しなかった。

この事実によりドイツ軍は、最初から対戦車砲として製造されるＰａＫ（対戦車砲）ハチハチを送り出した。もちろん原型は高射砲であった。

これは北アフリカだけではなく、対ソ連戦でも実力を発揮、ソ連側の戦車を次々と撃破する、というより八八以外の対戦車砲では、強力な装甲を誇るソ連戦車を撃破出来なかった。

したがって前線の激しい戦闘中でも、ドイツ兵たちはこの砲独特の鋭い発射音を聴くと、なによりも心強く感じたと伝えられている。

また戦車ばかりではなく敵陣に対する砲撃においても、榴弾砲などよりも高い命中率により大いに評価を高めたのであった。これは八八の弾道が山なりの曲線ではなく、高い初速により直線的に敵の陣地に砲弾を送り込むことが出来たためであった。

また八八の優秀な性能を知ったドイツ海軍も、これを見逃さなかった。先ほど少し触れた潜水艦Ｕボートの艦載砲として多数を採用したのである。浮上して敵船、敵艦と戦う場合、ここでも八八は頼りになる存在であった。以上のごとく対空、対戦車、対敵陣のごとく多くの任務を見事にこなすこの八八ミリだが、その一方で次のような問題点もあった。

日本軍の九九式８センチ高射砲

ともかく大型であるため重量が大きく、移動には強力な牽引車両、たとえばハーフトラック（半無限軌道車、あるいは重トラクターなどが必要であったこと、また射撃するさいの背が高く、敵に発見されやすいことなどである。

その一方で四輪の架台に載せたまま、発射可能という利点もある。

標準的な八八の口径（砲身長）は五六で、このタイプもそれなりの威力を持っていた。しかし一九四三年から登場した後期型ではこれが何と七一砲身長まで拡大され、連合軍が投入する新型の重戦車などに対しても無敵となった。

ここで日本陸軍が、この八八をモデルに開発した九九式八センチ高射砲と比べてみよう。

一九三七年、日中戦争中の南京の攻防戦のさい、中国軍が使用していたドイツから供与された八八ミリ高射砲を鹵獲し、日本陸軍はそれをコピーして、終戦までに八〇〇門を製造している。

しかし実物を手にしていながら、陸軍が新たに造った八八は、なんとも低威力としか言いようのないものであった。

。車輪付きの可動式の架台を造ることが出来ず、据え置き型。したがって簡単には移動できない。

。砲身長は前期型五四よりももっと短く四五。したがって威力は七一砲身長の六割程度。

このどちらを見ても、わが国の国力、兵器開発の技術力はドイツの足元にも及ばない事実がわかろう。

また連合軍側の雄である米英ソの軍隊が、八八の威力に注目し同威力の九〇ミリ高射砲を装備するのは大戦末期で、この面でも後塵を拝している。

これらを総合的に見ていくとこの火砲の素晴らしさが判る。前述のごとく全ての先進国をたしかに凌駕していたのであった。

戦後の特筆すべき兵器

——RPGロケット擲弾

第二次世界大戦からすでに約八〇年という歳月が流れているが、相変わらず世界から硝煙が消えることはない。

ここでは戦後八〇年にわたる紛争に登場した兵器のなかから、もっとも優れていると思われるものを紹介する。

各種ミサイル、原子力潜水艦、最新のドローンなどが候補に上るが、最初に掲げるべきものは、旧ソ連が開発し、現在では少なくとも八〇ヵ国以上の軍隊で制式化されているRPG（Rocket Proppelled Grenade）ロケット砲シリーズである。

これはルーツを大戦中のドイツとする兵器であるが、実用として広く流通させたのは旧ソ連である。このRPGは、ロケット推進擲弾の頭文字をとったもので、世界中でこの呼び方をされている。

歩兵携行型であるから、弾頭と発射機を合わせても重量十数キロと非常に軽量だが、その威力はかなり強力で命中部分によっては最新型の戦車さえ撃破可能である。

簡単な照準器が付いた長さ一メートルほどの発射機の前部に七〇センチほどの弾頭を差し込み、肩に担いで発射する。大量生産されており、価格は日本円にすれば発射筒七万円、弾頭三万円程度であるから、極めて安価、小さなゲリラ組織でも購入は簡単である。

ロケット推進とされているが、発射は無反動方式に拠っている。したがって女性でも簡単な訓練で使用可能。弾頭は対戦車用とされているが、近年に至り榴弾、焼夷弾、スモーク弾、化学弾なども使われている。

最新型では成形炸薬を二重に組み込み、爆発装甲を装備した戦車に対しても有効である。

RPGが大量に使用された最初の戦いは、一九六一年から本格化したベトナム戦争であった。迫撃砲以外の砲兵戦力を持っていなかった南ベトナム解放戦線の兵士たちは、これを射程の短い大砲として使用し、政府軍、アメリカ軍に大きな損害を与えている。

弾頭を差し込む前のRPG2型ロケット発射機

初速が速く、それによって良好な弾道性が得られ、戦車、装甲車以外に敵の陣地への砲撃に重用されている。

この兵器なくして、解放戦線軍の戦果、つづいて小規模戦闘における勝利はなかったと断言出来るのであった。

弾頭は前部（ノーズコーン、信管、爆薬）、中央部（ロケットモーター、推進薬）、後部（安定翼、薬莢）からなり、射程は約一キロ、しかし命中精度を保とうとすれば三〇〇メートルと言われている。

二〇年ほど前だが、筆者は某国の演習場で、この兵器の前期型ＲＰＧ２を実際に発射した経験を持つ。

発射時の音は凄まじいが、無反動であるため衝撃はほとんどなかった。ただ後方に噴出される煙は大量で、一瞬周囲が全く見えなくなるほどであった。

これがこの兵器の最大の欠点であり、やはりシステムからいって噴煙は小さく出来ず、容易に敵に発射位置を見つけ出され反撃される可能性が残る。

それにしても一〇万円程度の兵器で、ときには戦車、建物、船舶に大損害を与えられるから、どこの陸軍も大量に保有することになる。

とくに中国製は安価のひと言である。

また先に記したごとく、三〇〇メートル以内であれば、地上戦ばかりではなくヘリコプターを撃墜することも可能である。

一九九一年のアフリカ・モガディシオ紛争では二機のUH－60ブラックホークが、二〇〇六年のアフガニスタンではCH－47チヌークがこれによって失われている。

とくに後者ではアメリカ陸軍の特殊部隊の兵士四〇名が、一挙に戦死するという悲劇となった。

一方、ともかく安価で扱いやすく、威力も大きいだけにRPGは映画や小説のなかでも大活躍している。

映画では数十名の男たちが守る拠点を、この弾頭を多数抱えた女性兵士が一人で壊滅させる、小説ではマシンガン、手榴弾に対する防御が完璧な装甲車両を二発の弾頭

中央の筒がM72使い捨て擲弾発射機

で完全に破壊するシーンが描かれている。これによる攻撃に対してはほとんど対抗手段がなく、発射を未然に防ぐことだけが重要なのであった。

このRPGに対抗するアメリカ側の兵器が、M72簡易ロケット砲で、こちらはLAW軽対戦車兵器と呼ばれている。

性能的にはRPGよりかなり小さく、威力も多少低い。それだけではなくこちらは次の理由から少々使いづらい。なぜなら弾頭、発射機がセットになっていて、一発ごとに発射機もろとも使い捨てなのである。

したがって一人の兵士が携行できる数に大差がある。M72の場合三基、RPGでは発射機一基、弾頭六発と後者が圧倒的に優れている。

この状況からM72はそれほど普及しておらず、生産数から言えば一〇〇分の一程度なのではあるまいか。

このことからRPGの優位性は全く揺るがない。わが国の自衛隊でもこれを研究用として購入しているが、ともかく安価であるので大量に購入、配備するべきであろう。

イギリスを救う〝鷹〟

——垂直離着陸戦闘機ハリアー

太平洋の最南端にあり、季節を問わず寒風吹きすさぶのがイギリス領フォークランド／マルビナス諸島である。この小さな島々を巡って一九八二年の三月から六月にかけて、イギリスとアルゼンチンの間に激しい軍事衝突が勃発した。

これがフォークランド戦争で、両国合わせると約八〇〇名が戦死し、二五〇〇名の負傷者が出ている。

事の起こりは、イギリス領のフォークランドを、距離的にはずっと近いアルゼンチンが奪取しようと軍を送り込んだことによる。

ここではどちらが領有権を持つのか、といった法的な部分は脇に置き、この戦争で使われたある一つの兵器を巡る分析を行ないたい。

島にア軍が上陸し、その大部分を占領した事実を知ると、英国はすぐに二隻の航空母艦を主力とする艦隊を編成し、本土から一万二〇〇〇キロ以上離れた海域に送り込む。

しかしこの艦隊の派遣には大きな危惧もあった。フォークランドはアルゼンチンから七〇〇キロしか離れていないのである。

イギリス側の後方の補給基地は、最短でも六〇〇〇キロ離れたアセンション島であり、この状況からあらゆる点でイギリス側の不利が理解できる。

またア側は小型ながら正規空母を持っていたが、イ軍は上記の空母こそ持っていたが本格的な従来型の艦載機は皆無であった。

島の争奪戦となると、まず周辺海域での航空戦となるのは自明の理である。

ア軍の航空機はダグラスA－4スカイレイダー、ダッソー・ミラージュ／ダガー、シュペール・エタンダールなどいずれも戦闘攻撃機あわせて約九〇機であった。

一方、イギリス側は前述のごとく通常型の戦闘用航空機を持っておらず、投入できるのは、それまで全く実戦で使われたことがないBAeハリアー（鷹の意）であった。

本機は史上初めて誕生した固定翼垂直離着陸が可能な、特殊な戦闘機である。

いわゆるVTOL機で、その使用状況、実績などは不明なのである。またアメリカ海軍のそれと異なり、イ海軍の空母三隻は排水量二万トン、商船構造の軽空母である。

したがって哨戒、偵察、輸送、救助に従事する艦載ヘリコプターを考慮すると、一隻当たり一〇機前後のハリアーしか載せることが出来なかった。

このような状況で、戦力的には有利なア軍と戦わなければならなかった。

現代の紛争では航空機による支援は不可欠で、制空権の確保こそ、勝利に対する必須の条件なのである。

フォークランドに向けてヨービルトン基地から出動するハリアー群(RCG)

空軍所属のハリアー、海軍のシーハリアー合わせて二〇機が、艦隊の運命を左右することになったのであった。
さて空母を中心とする艦隊が島に接近すると、当然のごとくアルゼンチン空軍の攻撃が開始された。とくに効果的なものは、対艦ミサイル・エグゾセを搭載しているエタンダール、二五〇キロ爆弾を持つスカイホークで、これらによって駆逐艦、輸送船などが大きな損害を被った。

その一方で迎撃するハリアーは、優れた運動性を発揮して、ア軍機を次々に撃墜する。はじめて実戦に投入され、その実力を問われることになったイギリス生まれの鷹は、予想をはるかに上回る活躍であった。

軽空母を基地とする垂直離着陸戦闘機は、世界の航空史に見事な足跡を残したと言えよう。

この間、新たに上陸したイギリス軍とアルゼンチン軍による、陸上戦闘も続いたが、本土からの補給がなかったことが原因で、三ヵ月後ア軍は降伏する。

兵力的にはア軍三、イ軍一という割合であったが、近代戦の経験豊富なイギリス軍は最初から圧倒的な強さを示した。

このフォークランド/マルビナス紛争による両軍の損害は、

航空機の損失　イ側三七機　ア側七二機

艦船　　　　　　　　六隻　　一〇隻

死傷者　　　　一〇〇〇名　二三〇〇名

であり、諸島全域がイギリス側に戻った。

エグゾセミサイルで攻撃をうけたイギリス駆逐艦シェフィールド

南極に近く、わずかな住民とその数倍の羊が暮らすフォークランドは、再び静けさを取り戻したのであった。

ここで話をハリアーに戻すとしよう。もしイギリスにこのＶＴＯＬ戦闘機がなかったら、戦争の結果はどうなっていたであろうか。

再述するが、当時のイギリスには、正規の航空母艦、そしてその艦上で運用する戦闘用航空機は皆無であった。少し前までは正規空母と、アメリカから供与されたマクダネルダグラスＦ－４ファントム戦闘機が存在したが、同国の経済状況の悪化が、どちらも退役させてしまっていた。

したがってカタパルトの代わりに、スキージャンプ甲板の簡易空母と、小型のハリアーがイギリス海軍を支えざるを得なかった。

この戦闘機は常に二〇機前後が大いに活躍し、消耗分は速やかに補充されたので機数が不足することはなかった。

より多くが送られてきたところで、運用可能な空母は二隻しかなかったからである。

データを調べてみると、全期間を通じて、ハリアーはア軍機二〇機を撃墜し、自軍の損害は全くなかった。

局地防空という有利さはあるにしても、圧勝と言える結果であった。

史上初めて実戦に参加したVTOL軍用機は、見事にその役割を果たしている。

もしイギリス側にハリアーがなかったとしたら、アルゼンチンの諸島占領を目の当たりにしても、イギリス側としては手の打ちようがなかった。

なにしろ戦場が本土から一万五〇〇〇キロも離れていては、他に闘う術が存在しないのである。

このことから垂直離着陸という点を除いても、ハリアーは一つの戦争の行方を決めた航空機であることは間違いない。

世界戦史を振り返っても、このような事例は他に見当たらず、本機こそ歴史を作ったと言えるのである。

軍人たちはいかに不勉強なのか

――ガントラックを巡る課題

本項ではこれまで紹介してきたその他の〝成功・新兵器〟とは趣向を変えて、
。画期的な新兵器とは呼び難いが
。前線の兵士たちの要望で誕生し
。極めて効果的であった
兵器を紹介したい。また同時にいわゆる用兵者あるいは軍上層部が、多少なりとも自分が担当する分野に興味を抱き、また研究心を持ち続ければ、自ら開発できたはずのこの兵器について言及したい。

共通するのは、戦場における陸上輸送、言うまでもなくトラック、そしてトラック輸送隊（コンボイ）を巡る課題である。

そしていずれも輸送する側は正規軍、それを阻止しようとするのはかなりの戦闘力を有するゲリラ部隊である。

一…ベトナム戦争におけるガントラックの登場

一九六六年からベトナム戦争における戦いは、急に激しくなった。アメリカ、南ベトナム軍の兵力増加にともなってそれらの基地への兵士、物資の輸送も急増する。アメリカから船で中部の港ダナンに運び込まれた食糧、弾薬は多数のトラックにより前線基地に運ばれる。

前後に戦車、装甲車を配した数十台からなるコンボイは、解放戦線軍ＮＬＦにとって絶好の攻撃目標であった。エスコートが付いていようとも、長い車列を両側から攻撃するのは決して難しいことではない。戦車、装甲車は動きが鈍く、またトラックの防御力は皆無に等しい。

このためいくつかのコンボイは壊滅的な打撃を受け、たびたび全滅に近い状況になる。

この対策として輸送を担当する兵士たちは、自分たちで新しい兵器を開発した。これは現地で改造された武装トラックである。

まず荷台を二重の鉄板で覆い、その隙間に砂を堅く詰め込む。これによりＮＬＦの

輸送コンボイの護衛を担当するガントラック

機関銃、携帯ロケットRPGをほとんど防ぐことが出来た。もちろん多数の火器を搭載して攻撃力を格段に増強する。

このような強化型のトラックを、海兵隊ではガントラック、陸軍ではハーデンドトラック（固めたトラック）と呼んだ。この現地での改造は極めて効果的で、一九六八年ごろにはアメリカ本国で製作された武装トラックが多数送り込まれることになる。これにより輸送コンボイの損害は目に見えて減ったのである。

アメリカの陸軍輸送博物館では、現在でもこの車両が誇らしげに展示されているのであった。

二・アフガニスタン戦争における陸上輸送

一九七九年一二月、一〇万名からなる強力なソ連軍がアフガニスタンに侵攻し、このあと一〇年にわたるイスラム・ゲリラとの戦争が続く。

この紛争でもソ連軍は、ベトナムにおけるアメリカ軍の戦いのごとく、トラックによる前線基地への輸送が不可欠であった。

アメリカ軍と比べて輸送用ヘリコプターの数が少なく、それに代わって大量のトラックがこの砂漠と岩山の国に投入された。この状況から「ベトナムがヘリコプターの戦争」なら、「アフガンはトラックの戦争」と呼ばれたのであった。

この輸送では、これまたベトナムと同様にコンボイへの襲撃が日常茶飯事となった。ベトナムの場合、濃密な密林からゲリラの攻撃が行なわれたが、アフガンではこれが岩山であった。

T－62戦車、BTR－60装輪装甲車が護衛を担当したが、狭い山道では充分な役割を果たすことが出来ず、ロシア軍コンボイは大損害を受ける。

それならアメリカ軍と同じようなガントラックを開発すれば、事態は大きく改善されたはずだが、ソ連軍の用兵者、兵士もそれに気づかず戦争の全期間を通じて叩かれ続けた。

ここで不思議に思うのだが、なぜソ連軍は武装トラックを開発し、投入しなかったのだろう。

ベトナムの戦史を少しでも学べば、当然、この損害を大きく減らす方策にたどり着いたはずなのである。現地軍の指揮官、用兵者の不勉強ここに極まれり、と思うのは筆者だけであろうか。

トラックの装甲を強化するなど、決して難しいことではなく、費用の面でもたかが知れている。これによりコンボイが安全に運用されれば、損害は減り、基地の効率は向上、良いことばかりと思われるのだが……。

三：イラク、アフガンにおけるアメリカ軍のトラック輸送

湾岸戦争、イラク戦争、そして9・11以降のアフガン侵攻と、アメリカは休みなく戦い続ける。

このうちイラク戦争後、またアフガン侵攻にさいして、アメリカ軍のトラックコンボイはベトナムと同じ状況に陥る。ただこの場合、コンボイへの襲撃はゲリラ部隊によるものではなく、道路に仕掛けられた爆弾によって行なわれた。

この爆発物は、仕掛け爆弾、あるいはＩＥＤ（即席爆発装置）と呼ばれた地雷である。大量の爆薬を道路の下に埋め込み、車両が接近したら遠隔操作で爆発させる。戦車、装甲車は強靭な装甲によって損傷は少ないが、軽軍用車ハンビー、輸送用トラッ

クの被害は恐ろしいものだった。

もろに爆発を受けた場合、平均的に乗員の半数が死傷するほどであった。アメリカ側の資料では二〇一〇年ごろには、イラク、アフガンで死傷する兵士の六〇パーセントがIEDによるものとされている。

前線の兵士たちは、地雷に強い車両の開発と配備を軍の上層部に要請したが、それに対する返事はつれないものであった。

なかでも一三代国防長官であったラムズフェルドは、現地における記者会見の席上、この要請に対し「兵士というものは、与えられた兵器で戦うものだ」と回答し、陸軍、海兵隊から猛烈な反発を招いた。

ベトナム戦争における状況と酷似していながら、兵士の損害を減らすことに軍上層部は無関心であった。

しかしそれでもガントラック、ハーデンドトラックの教訓を覚えている技術者がまだ残っていたこともあって、翌年から対IED車両の製造が始まった。

これは車体の下に、V型の厚い鉄板を取り付けることである。こうすると地雷の爆発のエネルギーは、これによって外側にはじき出され、トラック自体は損傷を免れるという仕組みである。

地雷対策を重要視したMARAP装甲車

これは簡単ながらきわめて効果的で、車両はタイヤを飛ばされながらも乗員は無事であるケースが多く、前線の兵士たちを喜ばせた。

さらに最初から車体の底面を丸くし、地雷に強い専用の車両が続々と誕生する。これらの代表的な車両は、ＪＥＲＲＹ、ＭＡＲＡＰ（対爆発性装甲戦闘車両）と呼ばれたクーガー六×六、四×四などである。これにより同じ規模の戦闘が行なわれたとしても、年ごとに一〇〇〇名の歩兵の命が救われた。

このことからわが国ではあまり関心を呼んでいないものの、欧米ではクーガーはプラスチックモデル、ラジオコントロールモデルとして大きな人気を集めている。さらにこれは中国においても同様である事実を書き添えておきたい。

またこの車両の有効性を悟った各国陸軍でも似たような車両が登場し、イギリスのマスティフ、南アフリカのマンバなど十数種が生産されている。

イラク、アフガンには多国籍軍として多くの国の軍隊が参戦しているが、いずれの陸軍もこれにより兵士の死傷を減らすことに成功している。

しかし中心になるアメリカ軍では、IEDによる損害、被害が急増した時なぜすぐに対応策に着手しなかったのだろう。

SNS、YOU TUBEで当時の状況を見ると、IEDによって破壊される軍用車の映像が多数散見される。そうであれば一刻も早く、対策に着手すべき必要性を痛感する。

それがラムズフェルドの発言から鑑みれば、軍人もやはり役人であり、「たとえ現実として人命がかかっていたとしても、その動きは鈍い」と言わざるを得ないのである。

この意味から、ベトナムのガントラックの登場、ソ連のトラック輸送の悲惨、対IED車両の開発などは軍事の枠を超えて社会問題に直結しているのであった。

現代兵器のゲームチェンジャー
――ドローンの跋扈

近年のアゼルバイジャン、イラク、ウクライナ紛争の情報を見るとき、ただただ驚かされるのはドローンの活躍である。

アメリカ、ロシアといった大国はもちろん、小さな国の軍隊もこの無人機ドローンを大量に装備し、偵察はもちろん攻撃にも駆使している。

これこそ現代における、兵器のゲームチェンジャーという以外にない。

二一世紀における画期的な兵器とは、まさにこのドローンなのだろう。

この言葉の意味は、かつてミツバチの雄、虫の羽音、飛行機の爆音であったが、現在では「自立航法が可能な小型かつ無人の飛行体」となっている。

これは決して間違いではないのだが、翼幅が二〇メートルを超す大型のものもあり、また飛行ではなく水中を航行するタイプも存在する。

したがって欧米はもちろんわが国でも、ドローンを正確に表わす定義は存在しない。ドローンはあくまでドローンと呼ぶ以外になさそうである。

また無人機という言い表わし方も問題である。〝機〟というとある程度の大きさを持つ飛行体を指すわけだが、ドローンの中には重量一、二キロ、手の平に載るものもあるから、この表現も適当とは言えない。

さて言葉の定義はさておいて、実際に数百種類のドローンが製造され、実際に実戦で使われている現状を見ていこう。

その前にまずタイプを大雑把に二つに分ける。

一：機体の大きさを問わず、従来の飛行機型

これらはスパン二二メートルという超大型のグローバルホークに始まり、アフガニスタンで大活躍したプレデター、ウクライナ紛争で世界に知られたバイラクタルＢＡ２などがある。たしかにこのタイプは無人機と呼ばれても違和感はない。

グローバルホークなど、ジェットエンジンを装備し小型旅客機よりも大きく、価格も管制システムを含めれば一機あたり一〇〇億円近くにもなる。また一万キロも離れた場所からの遠隔操作が可能となっている。その一方で同じ飛行機型、固定翼と推進

飛行機型ドローン。実戦配備されているらしくロケット弾を装着している

装置を持つものの、最小のタイプとなるアメリカ陸軍のイレブンなどは、重量一〇キロ、二馬力のエンジンを使って、歩兵による手投げ発進で運用される。

二：マルチローター型

比較的小型で、電池を動力源とし、複数のモーターで飛翔する。自律型が多いが、遠隔操作も可能。現在のところ総重量は二〇キロ程度が最大だが、近い将来ペイロード（可搬可能重量）は五〇〇キロ前後も可能な、大型のマルチローター・ドローンも登場するはずである。逆に小型のタイプは、建物内における戦闘のさい、敵兵の存在を探る目的で使用される、重量五〇〇グラムといった極小ドローンも実用化されている。

このように見ていくと、マルチローター・

タイプだけでも数百種類造られているはずである。

このように多種多様なドローンであるが、その運用方法もほぼ同じである。

まず偵察だが、これには戦略的な偵察、戦術的な偵察、ごく近距離における偵察とある。大型ドローンでは敵軍の大規模な動き、軍隊の移動など、続いて中型では前線における配備、補給状態など、さらに対峙する塹壕内部の兵員の状況、場合によっては前述のごとく市街戦のさいの敵兵の有無まで事前に知るために運用される。

この結果に基づいて攻撃、防御が行なわれるが、ここで攻撃用ドローンの出番となる。超大型の飛行機型ドローンは、あくまで偵察と情報の収集、分析がその任務で、攻撃は中型、小型によって実施される。

操縦士が乗る小型攻撃機と同様に爆弾、ロケット弾、ミサイルが無人機型から行なわれ、目標の探知、発見、実行はほとんどの場合自律である。

したがって事前のセットアップが重要で、これが誤っていると効果は得られない。しかし失敗しても人命の損失はないので、この点では評価される。

また前線で投入される小型のドローンでは、後方ではなく、現場で兵士によって情報の入力が必須となるから、この面での教育、訓練が欠かせない。

入力さえ完璧に行なわれれば、ドローンの攻撃を阻止することはかなり困難である。

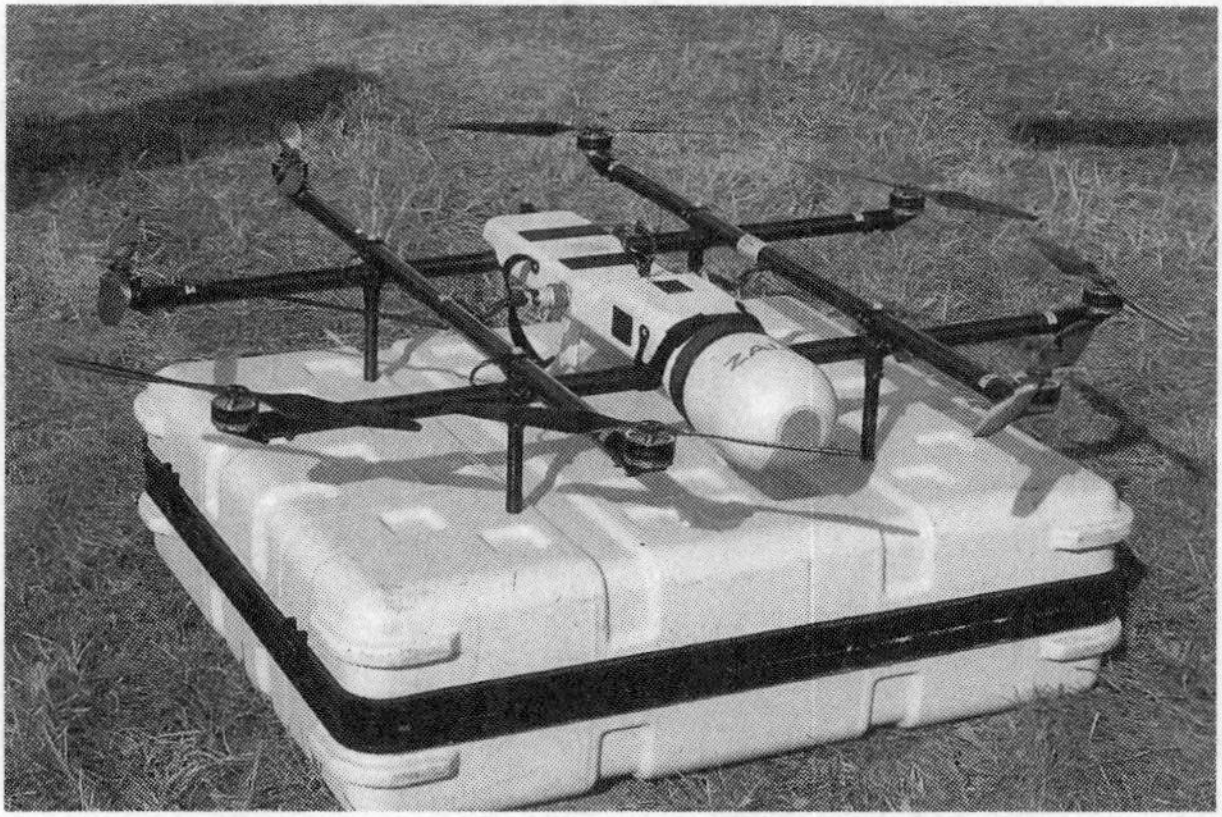

マルチローター・タイプのドローンとその収納コンテナ

しかも小型については価格が安いこともあって、単一の目標に数機を同時に送り込むことが可能で、こうなると防御側はますます不利となる。

筆者も超小型マルチローター型を購入して、実際に室内で動かしてみているが、わずか二万円足らずのドローンが自ら前方の障害物を避けながら飛行する状況に、驚きを隠せずにいる。

二〇二二年二月二四日に勃発したウクライナ戦争では、市街地の戦いのさい両方の側で小型ドローンによる対戦車攻撃が大きな成功を収めた。

さらにアメリカ軍による飛行機型ドローンは、アフガニスタンでは特定の人物に対する攻撃も実施され、目的を達成した。

また大型の偵察型は、自身の防御システムを持たなかったため、撃墜されることもあった。しかし最新型では地対空ミサイルに対してはフレアを、敵の戦闘機の迎撃については空対空ミサイルで反撃するまでに技術を向上させている。

こうなると各種ドローンの役割と価値は留まるところを知らず、アメリカ空軍では機体装備の予算の一〇パーセントをこの分野に振り向けるというまでに成長した。

さらに海軍航空部隊では、空中給油という作業を無人機で行なうことを決めている。偵察、攻撃以外の新しい任務なのである。さらに塹壕に潜む敵の兵士攻撃用のドローンも登場しているが、個々の兵士を狙うなど、まさにキラードローン、殺人兵器以外の何ものでもない。

近い将来、広義のドローンはどこまで進歩するのであろうか。

NF文庫書き下ろし作品

本書に挿入されているRCG絵画について

戦争、紛争が終了してしまうと、当然のことながらそれらを記録した写真が新しく登場することはない。また戦いの劇的なシーンであっても、それを我々が目にすることも絶対にあり得ない。

しかしこれだけコンピュータ技術が発達すると、それを用いて再現することがある程度可能になる。

著者を代表とするチームクアッドは、数年前からかなりの時間を費やして航空戦に関しこの作業に取り組んできた。

著者らが国内、海外の航空ショー、博物館で撮影した膨大な写真を用い、それをコンピュータソフト、例えばフォトショップ、フォトディレクターを駆使して劇的なシーンを再現している。

これはこれまでのCG（コンピュータグラフィック、コンピュータによる作画）とは大きく異なっているが、それはあくまで実機写真（REAL AIRCRAFT PHOTO）を使っていることである。

三野をはじめとしてメンバーは数十回におよぶエアショー、博物館の見学を経験し

ており、写真のストックは数万枚に達する。
これを使って魅力的なシーンをまず絵コンテで描き、続いてCGとして完成させた。これをRCGと称している。
現在まで約二年の歳月をかけ、二〇〇枚の作品を制作しているが、今後機会を見て次々と発表していきたい。
また一例として二五〇キロ爆弾を抱えた零戦五二型のRCGを掲げる。これは別々に撮影した零戦と爆弾を合成したものである。

RCG制作チームクアッド
三野正洋（代表）：写真・絵コンテ
岩浪暁男：写真・RCG制作
持田剛：写真・RCG制作
菊地拓海：RCG制作

NF文庫

戦場における成功作戦の研究

二〇二二年十一月二十四日　第一刷発行

著　者　三野正洋

発行者　皆川豪志

発行所　株式会社　潮書房光人新社

〒100-8077　東京都千代田区大手町一-七-二

電話／〇三-六二八一-九八九一代

印刷・製本　凸版印刷株式会社

定価はカバーに表示してあります

乱丁・落丁のものはお取りかえ

致します。本文は中性紙を使用

ISBN978-4-7698-3285-0　C0195

http://www.kojinsha.co.jp

NF文庫

刊行のことば

第二次世界大戦の戦火が熄《や》んで五〇年――その間、小社は夥しい数の戦争の記録を渉猟し、発掘し、常に公正なる立場を貫いて書誌とし、大方の絶讃を博して今日に及ぶが、その源は、散華された世代への熱き思い入れであり、同時に、その記録を誌して平和の礎とし、後世に伝えんとするにある。

小社の出版物は、戦記、伝記、文学、エッセイ、写真集、その他、すでに一、〇〇〇点を越え、加えて戦後五〇年になんなんとするを契機として、「光人社NF（ノンフィクション）文庫」を創刊して、読者諸賢の熱烈要望におこたえする次第である。人生のバイブルとして、心弱きときの活性の糧《かて》として、散華の世代からの感動の肉声に、あなたもぜひ、耳を傾けて下さい。

＊潮書房光人新社が贈る勇気と感動を伝える人生のバイブル＊

NF文庫

満州崩壊
昭和二十年八月からの記録
楳本捨三
孤立した日本人が切り開いた復員までの道すじ。ソ連軍侵攻から国府・中共軍の内紛にいたる混沌とした満州の在留日本人の姿。

日本陸海軍の対戦車戦
佐山二郎
一瞬の好機に刺違え、敵戦車を破壊する！　敵戦車に肉薄し、跳び乗り、自爆または蹂躙された。必死の特別攻撃の実態を描く。

異色艦艇奮闘記
塩山策一ほか
艦艇修理に邁進した工作艦や無線操縦標的艦、捕鯨工船や漁船が転じた油槽船や特設監視艇など、裏方に徹した軍艦たちの戦い。

最後の撃墜王
紫電改戦闘機隊長 菅野直の生涯
碇　義朗
松山三四三空の若き伝説的エースの戦い。新鋭戦闘機紫電改を駆り、本土上空にくりひろげた比類なき空戦の日々を描く感動作。

ゲッベルスとナチ宣伝戦
一般市民を扇動する恐るべき野望
広田厚司
一万五〇〇〇人の職員を擁した世界最初にして、最大の『国民啓蒙宣伝省』――プロパガンダの怪物の正体と、その全貌を描く。

ドイツのジェット／ロケット機
野原　茂
大空を切り裂いて飛翔する最先端航空技術の結晶――その揺籃の時代から、試作・計画機にいたるまで、全てを網羅する決定版。

＊潮書房光人新社が贈る勇気と感動を伝える人生のバイブル＊

NF文庫

人道の将、樋口季一郎と木村昌福

将口泰浩

玉砕のアッツ島と撤退のキスカ島。なにが両島の運命を分けたのか。人道を貫いた陸海軍二人の指揮官を軸に、その実態を描く。

最後の関東軍

佐藤和正

満州領内に怒濤のごとく進入したソ連機甲部隊の猛攻にも屈せず一八日間に及ぶ死闘を重ね守りぬいた、精鋭国境守備隊の戦い。

終戦時宰相鈴木貫太郎

昭和天皇に信頼された海の武人の生涯

小松茂朗

太平洋戦争の末期、推されて首相となり、戦争の終結に尽瘁し日本の平和と繁栄の礎を作った至誠一途、気骨の男の足跡を描く。

艦船の世界史

歴史の流れに航跡を残した古今東西の60隻

大内建二

船の存在が知られるようになってからの約四五〇〇年、様々な船の発達の様子、そこに隠された様々な人の動きや出来事を綴る。

特殊潜航艇海龍

白石　良

本土防衛の切り札として造られ軍機のベールに覆われていた最後の決戦兵器の全容。命をかけた搭乗員たちの苛烈な青春を描く。

証言・ミッドウェー海戦

私は炎の海で戦い生還した！

橋本敏男
田辺彌八ほか

空母四隻喪失という信じられない戦いの渦中で、それぞれの司令官、艦長は、また搭乗員や一水兵はいかに行動し対処したのか。

＊潮書房光人新社が贈る勇気と感動を伝える人生のバイブル＊

ＮＦ文庫

大空のサムライ　正・続
坂井三郎

出撃すること二百余回——みごと己れ自身に勝ち抜いた日本のエース・坂井が描き上げた零戦と空戦に青春を賭けた強者の記録。

紫電改の六機　若き撃墜王と列機の生涯
碇　義朗

本土防空の尖兵となって散った若者たちを描いたベストセラー。新鋭機を駆って戦い抜いた三四三空の六人の空の男たちの物語。

連合艦隊の栄光　太平洋海戦史
伊藤正徳

第一級ジャーナリストが晩年八年間の歳月を費やし、残り火の全てを燃焼させて執筆した白眉の〝伊藤戦史〟の掉尾を飾る感動作。

英霊の絶叫　玉砕島アンガウル戦記
舩坂　弘

全員決死隊となり、玉砕の覚悟をもって本島を死守せよ——周囲わずか四キロの島に展開された壮絶なる戦い。序・三島由紀夫。

『雪風ハ沈マズ』　強運駆逐艦 栄光の生涯
豊田　穣

直木賞作家が描く迫真の海戦記！　艦長と乗員が織りなす絶対の信頼と苦難に耐え抜いて勝ち続けた不沈艦の奇蹟の戦いを綴る。

沖縄　日米最後の戦闘
米国陸軍省 編
外間正四郎 訳

悲劇の戦場、90日間の戦いのすべて——米国陸軍省が内外の資料を網羅して築きあげた沖縄戦史の決定版。図版・写真多数収載。